成长的
一万种可能

找到自我发展的方向和力量

[英] 安迪·巴克（Andy Barker）& [英] 贝丝·伍德（Beth Wood）著

杨惜 译

\>\> \> \>\> \>

民主与建设出版社
·北京·

哇！当然了！这就是我！

我们花了几年时间来撰写本书，我们以及我们的团队将本书的方法应用于企业、个人和团体。本书中有大量的练习，我们的网站www.mindfightness.training 上也有其他练习和学习资源。我们的目标是与尽可能多的人分享本书，因此我们很高兴你能够打开这本书。

——安迪·巴克　贝丝·伍德

目 录

你即将开始一段精彩绝伦的旅程，我们的目标是让你读完这本书之后，变得更冷静、自信和快乐。你会完成很多你想完成的事情，因为你不再给自己设限；你的时间不会再浪费在那些让你陷入低迷旋涡的消极思想上；你会变得更能理解身边的人，更感恩和珍惜你所拥有的一切；也许最重要的是，你会改变自己，并且是以一种释放更多潜能的方式来改变自己。

到那时候，你能够看着自己，对自己说："哇！当然了！这就是我！"

1. 你将意识到消极或无用信念的存在，并且用更积极乐观的信念来取代它们。

2. 你将学习如何保持专注，不让负性自动思维控制你（简称为"ANTs"，即 Automatic Negative Thoughts）。

3. 你将会了解哪些压力是有益的（兴奋感、心流状态）以及哪些压力是有害的，并且学会识别其中的界限，在必要的时候跨越它。

4. 你将能够识别处于"战斗或逃跑模式"状态时，身体会做出哪些反应，并且知道如何利用简单的技巧，回到大脑高层思维正常运行的状态。

5. 你将会了解哪些情感或认知状态有益于获取新知识（最近发展区），并且学会使用技巧进入最近发展区并尽可能发挥它最大的作用。

6. 你将设定一些可实现且与你的信念相符的目标。

7. 你将了解哪些情绪是负面且不健康的，并学会与其相处，并努力摆脱这些情绪。

8. 你将认知到积极性和创造力对身体健康来说多么不可或缺以及专注力是如何被用于激发创造力的。

简而言之，你会学着跳出固有的思维模式，意识到生活可以比你所想的要美好得多！

获得以上益处，我们需要做多少事？

你可以把本书当作你的思维的私人教练，就像你为了有一个健康的身体会做一些事情一样，本书会通过练习来厘清你的思绪。此外，如果你的思维是健康的，那你也需要保持这种健康的状态。我们都拥有还未开发的巨大潜能，这些潜能被埋藏在繁重的生活压力所造成的废墟之下。本书帮助你找到最好的自己。

我们对一件事产生的冲动反应，经常是对我们不利的反应。但是我们会发现，一旦新的思考问题的方法变成了习惯，这种冲动也会随之改变。

本书将大量运用我们的想象力。研究表明，我们的想象力和大脑高层思维、专注力以及解决问题的能力密切相关。这并不意味着为了能让想象力发挥作用，你得成为毕加索，你不需要成为毕加索，本书只是教你思考，并在头脑中生成画面。

我们应该如何使用本书？

有人会问，可不可以挑选某些章节然后专注于研究其中最有用的那些内容？你可以这么做，也能够有所收获，但远远不及你逐章学习所获得的成长。通过本书，你会学习到如何成为自己的教练，甚至从一定程度上来说，成为自己的治疗专家。当你需要额外的动力来促使你变得更自信，从而更愿意去跳跃、起舞、欢笑和爱别人时，本书将非常有用。

本书附赠一个为期六周的拓展项目，它汇集了本书中的重要工具，提供更多方法便于挑选最适合自己的练习。这些练习分为晨间和晚间，同时还有白天的引导性练习，这些练习将帮助你持续开发新思维。等你读完本书并完成六周的拓展练习时，这些技巧就会根植于你的思维，你甚至几乎不会意识到它们的存在。它们将会帮助你构建一种新的日常生活习惯以及看待自己和世界的方式。当然也会有一些无法预料的情况和事件让这个新世界摇摇欲坠，但你仍然有能力去解决，因为你知道做什么能让自己重新振作。

还有什么别的内容会涉及吗？每一章都会有一些学习内容的片段。随后有一些练习供你测试所学的内容，看看你感受如何。

以前科学家认为，成年后大脑是固化且无法改变的，可能发生的变化非常少。现在我们知道，这不是真的。本书将在神经可塑性的章节解释为什么这不是真的。本书将帮助你持续发现那些让你成为"你"的美妙之事，让那些多年来以某种方式一直纠缠你的负面思维、情绪和想法随风而去，其实我们甚至没有意识到是它们让我们感到焦虑、难过，阻碍我们成长。

每个章节都会给予你足够的关于"是什么"和"为什么"的信息，你可以尝试实行！每一天，大脑产生的想法高达 60 000 个，每秒将发生 100 000 次化学反应，我们生活在一个不可思议的世界。神经科学的发展速度就像过去 20 年中信息技术革命的速度一样快。科学证明了本书内容的实践性，即使在仅仅 10 年前，这其中的大多数都不可能发生。

我们要如何更清晰且充分地体验生活？尝试一下明天一整天都寻找蓝色，你不但会看到比想象中更多的蓝色，而且这个颜色也会在一天中变得越来越蓝。这是因为你的感官输入比之前的任何时候都灵敏，你的大脑只专注于一件事。

关于大脑有两个非同寻常的事实。第一个我们之前提到过——我们的大脑一天中将产生 20~60 000 个想法。这不是很不可思议吗？同样不可思议的另一个事实是，这些想法中，只有非常小的一部分是聚焦于手边的任务的，即我们当下正在做的事情。本书稍后会阐述剩余的想法去哪里了，并介绍一些可以激发更多脑力在工作上的独家方法。

第一个练习叫作注意力圈。通过分辨在不同注意力圈内能听到的声音，将注意力集中到当下。

练习1：注意力圈

让自己尽量舒适地坐着或者躺着。如果你正坐着，确保你的腿没有交叉，并且手放在大腿或膝盖上；花1分钟的时间，将意识集中在与椅子或地板接触的身体部位，这会使你把注意力集中到当下；呼吸两次，比平时呼吸要深一些，鼻子吸气，嘴巴呼气；现在闭上你的双眼，尽可能仔细地去听你身体内部发出的声音；大约每30秒将注意力移动到下一个圈子。顺序如下：

1. 听身体内部的声音；

2. 听房间内的声音；

3. 听房间外的声音；

4. 听房间内的声音；

5. 听身体内部的声音。

你会发现其他的思绪将会闯入你的脑海，不过完全不用担心。在这个阶段，你只需要礼貌地让它们离开，将注意力重新集中到你正在听的声音上。这个过程会涉及"噪声"和"负性自动思维"两个概念。

整个练习时长为 3~5 分钟。

练习结束之后，花一点时间思考在练习过程中和结束后，你的感觉分别是什么。很多人会有一种如释重负的感觉，或者一种心理联结感。如果没有这些感觉，也不要担心。随着更深入地练习，并结合认知行为疗法（英文缩写为"CBT"）进行练习，益处会显现出来。

如果我说"我告诉你们 3 件事，在快结束时谁能记得这 3 件事的话，我就给谁 10 英镑"，你们都会听得非常认真，这 3 件事就会印刻在你的脑海中。用心去听，有时候也被称作"倾听"。如果我们某次可以做到，那么我们就一直能做到。但生活中经常出现这样的情况，比如，看病时需要非常仔细地听医生说的话，但是由于焦虑不安，当我们离开医院时，已经基本不记得医生说过什么了。

开始阅读本书后，希望你能准备一个笔记本，这样在阅读的过程中可以快速写下你觉得很重要的内容。随着内容越来越多，能有笔记来供你回顾是非常有益的。

专注于你想要的

- · 如何让对你来说至关重要的事物变成你生活的中心？
- · 如何利用它增强你的恢复力？

认知行为疗法是关于信念的。我们所信仰的东西对我们的自我意识以及对于"我们是谁"的理解来说，是至关重要的。然而，我们当中的太多人，在日常生活中完全忽视了那些塑造和定义我们的信念。因此很多人说某个东西（这个东西可以是音乐、慈善、公平或者任何事物）对他们来说非常重要，但是这个东西却在他们的生活中很少出现，甚至不存在。这是自我忽视的典型案例。不仅如此，如果你努力追求与自己的信念相违背的目标，它们很可能会变成隐形障碍，在你努力前行时拖你的后腿。

这些违背信念的目标会削弱你的恢复力。当你读到本书结尾时，你会意识到自己拥有很多无益信念，当然也有少数有益的，这算是意外收获。你应重新调整那些无益信念使其变得有益，或者如果不需要它们了，你可以抛弃它们。这听起来黑暗又危险吗？并不是这样。

恢复力是什么

对你来说，恢复力是什么？在社会中，它是一种广受赞誉的品质，但在我们独一无二的大脑中，恢复力有着截然不同的含义。

练习 1.1：恢复力奖

我们之前提到过，思维健康是一个充分利用想象力的项目。请拿出一张纸或者一个笔记本（如果你有时间买的话），然后闭上眼睛，并决定谁能获得"恢复力奖"提名。这个人可以是一个名人或者某个因勇气和耐力而为人所知的人，也可以是你的朋友或者你的母亲，任何人都可以。然后花 2 分钟的时间想一想他们做过的事，让他们拥有你所定义的恢复力。最后写下这些内容。

现在看看你的笔记，你把什么品质定位为最重要的？通常人们会选择那些经历了极度困境并且用更强大的力量克服困境的人，常用的词语有：

1. 忍耐力；

2. 勇敢；

3. 坚决；

4. 果断；

5. 志气；

6. 重新振作。

让我们花一点时间来思考一下，为什么我们需要这种恢复力？

它赋予了我们什么能力足以让我们生存或者更好地发展？人们普遍认为，我们需要恢复力去实现以下目标：

1. 控制压力；

2. 更好地摆脱焦虑；

3. 减少遭受长期压力的风险；

4. 提升情绪智力；

5. 有更高的幸福感；

6. 处理有挑战性的关系；

7. 提高绩效和生产力；

8. 适应变化；

9. 直面逆境。

以上这几点中也许就有你购买本书的原因，所以恢复力非常重要。我们什么时候会需要用到这种恢复力？请花一点时间考虑你可能以什么方式展现恢复力，或者在以下每个情境中你是如何表现出缺乏恢复力的。

1. 大事件（例如婚礼、离婚、搬家、丧亲）；

2. 小的或一系列有挑战性的事件（例如火车晚点、弄丢钥匙、财产损失）；

3. 正在经历的困境（例如你自己或者你爱的人遭受病痛的长期折磨）。

试着具体一些,确定一个实际的情景——一个你不得不应对的情景。

好好考虑你的答案,花一点时间想一想现在你觉得自己恢复力有多强,这样在你读完本书时可以做比较。当然,我们当中的大部分人在某些情况下恢复力会更强,但在某些情况下恢复力会很弱。比如,一个在职场中非常能干的人可能在家庭生活中会非常容易崩溃;反之亦然。这与我们把什么作为生命的意义有关。

有恢复力地应对某种情况的表现是什么

现在我们要做一个快速练习,以思考当我们感觉恢复力强(或没有恢复力)时,我们有什么表现,即恢复力在日常生活中是如何体现的。

恢复力真的是可以培养的吗?绝对是的。

练习1.2: 有恢复力地应对

写出 3 个简单的来源于工作或生活的需要有恢复力的情况;针对每种情况给出一个无恢复力的应对和一个有恢复力的应对。例如,你的老板今天下午要发表演讲,但她生病回家了,你必须顶替她做演讲。

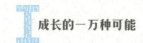

> 无恢复力应对——我绝不可能做这件事！我知道的不够多！我会让人看笑话的！
>
> 有恢复力应对——好吧，如果我能做好，这会是一个绝佳的机会。我了解大部分内容，而且我还有 2 个小时来准备。
>
> ·情景：＿＿＿＿＿＿＿＿＿＿＿＿＿＿＿
>
> 无恢复力应对：＿＿＿＿＿＿＿＿＿＿＿＿
>
> 有恢复力应对：＿＿＿＿＿＿＿＿＿＿＿＿
>
> ·情景：＿＿＿＿＿＿＿＿＿＿＿＿＿＿＿
>
> 无恢复力应对：＿＿＿＿＿＿＿＿＿＿＿＿
>
> 有恢复力应对：＿＿＿＿＿＿＿＿＿＿＿＿
>
> ·情景：＿＿＿＿＿＿＿＿＿＿＿＿＿＿＿
>
> 无恢复力应对：＿＿＿＿＿＿＿＿＿＿＿＿
>
> 有恢复力应对：＿＿＿＿＿＿＿＿＿＿＿＿

恢复力真的是可以培养的吗？绝对可以。

是什么培养和增强我们的恢复力

大脑的工作方式是可以改变的，这种改变就包括培养和增强恢复力。

我们对事件或情况的反应取决于我们的信念和态度以及我们赋予它们的含义。这就是为什么对于同一个场景，每个人的反应各有不同。这是我们会在本书中多次提到的关键概念。比如，某公司大规模裁员，有人可能把裁员视作绝对的灾难，有人可能觉得它只是前进路上的坎坷，甚至可能是机会。

有趣的是，当我们研究那些显示出这种恢复力和不屈不挠精神的人时，他们中的大多数的内心深处有着某种东西具有深刻意义，以至于他们相信，正是这种东西陪伴他们度过最黑暗的时光。我（贝丝·伍德）曾经有幸见过特里·韦特（Terry Waite），他在黎巴嫩作为人质被拘禁 4 年。2012 年，我见到他的时候，他刚回到贝鲁特，并与拘禁他的人和解。极端的例子可能是维克多·弗兰克尔（Viktor Frankl），他在沦为奥斯威辛集中营的阶下囚之后，写下著作《活出生命的意义》。

幸运的是，我们当中的大部分人没有经历如此大规模的创伤，但原理同样适用。如果你可以确定对你来说最重要的是什么，而且让它成为生活的中心，那么其他的就水到渠成了。当我们问"对你来说什么是最重要的"时候，指的是现在对你来说重要的事，而不是你上次想到的东西，上次可能已经淹没在时间的迷雾中了。我们曾经给一位可爱而且聪明的女士培训，她说出她的信念后，脸沉了下来。刚开始的时候这位女士充满了热情，说完后，她充满了疑惑。因为她意识到，她大学就给一位她非常想引起其注意的讲师讲过同样的信念清单。22年里，她从来没有回顾过这个清单，尽管她经常"重复"它。当时这个清单甚至并不完全真实，她只是跟讲师说了她以为讲师想听的话。

在某种程度上，我们中的大部分人的确如此。我们都不愿意改变自己的信念。毕竟，如果这个信念崩塌了，我们会走向何方？准确地说，我们会是谁？自我认同会像洋葱一样被剥落吗？

并不会！它会迅速成长，因为经历了这个过程后，你所拥有的信念将会是真实的，会更适合你和你的意志，适合你的目标。

大部分人都是习惯性生物，抗拒改变。小时候讨厌的食物，长大也会继续避开，不管我们的口味是否发生了变化。"坚持"本能甚至比信念更强大。

什么是信念

从本书开篇我们就一直在讨论信念。在继续之前，让我们想一想信念是什么。

信念可以是宽泛的，例如与政治、宗教、种族、性别、性取向、生活方式的选择、人权或者法律有关；也可以是一个具体的有关于人、形势或你的生活的信念。

现在我们将邀请你踏出确认基本信念的第一步，这对你的生活和做出的选择有深远的影响。

我们先以一个练习来进入最佳的学习状态。

练习 1.3：图像联想呼吸

这个练习叫作图像联想呼吸。整本书中，我们会做几次这个训练，每次呼吸略微加深。

正如很多其他的练习一样，图像联想呼吸也运用到想象力。它将呼吸关联到使人平静或安心的个性化联想图像上。

重申一下，开始练习时请让自己尽可能舒适，选择坐着或者躺着。如果你是坐着，确保你的腿没有交叉，手放在你的大腿或膝盖上；花 1 分钟的时间，将意识集中到与椅子或地板接触的身体部位；呼吸两次，比平时呼吸要稍微深一些；鼻子吸气，嘴巴呼气。

由于这是你第一次做这个练习，比起自己选择图像，我们建议你想象一个美丽的阳光海滩的场景，而你正站在海里看向陆地。每次吸气时想象海水聚到一起，每次呼气时，想象呼吸推着海浪到沙滩上。

做 4 组呼吸，将注意力保持在沙滩的画面上。真正运用你的想象力——想一想你所看到的东西的细节。沙是什么颜色？天气怎么样？你能看到沙滩之外的东西吗？水有多冷？这个过程中有任何想法浮现在你的脑海中，都让它们缓慢地退去，然后将注意力重新集中在沙滩的图像上。

·吸气，呼气；

·吸气，呼气；

·吸气，呼气；

·吸气，呼气。

练习1.4：长期抱有的信念

花一点时间写下几个你所拥有的最重要的长期抱有的信念；然后，在信念旁边写下你什么时候开始相信它，如果你曾经回顾过这个信念，那么写下上次回顾是什么时候。

练习1.5：确认一个核心信念

双眼闭上，确认一个你所抱有的信念，这个信念是你非常珍视的，或现以某种方式定义了你和你的生活；写下来。

试着连续几天去想你所拥有的信念、对生命中重要事情的态度以及被赋予生命意义的事情（如图1.1）。

图 1.1　恢复力核心

识别信念

思考信念是如何表达的：

1. 思想；

2. 情绪；

3. 行为。

比如想一个让你抓狂的人（我们都会有），这就是最容易挑毛病的时候。

对这个人来说，这个过程可以拆解为：

思想——我觉得 A 是个傻瓜（尽情地换成更激烈的措辞吧）；

情绪——每次看到 A 都让我很生气；

行为——每次 A 出现我都关掉电视（如果它是个名人的话）。

以你刚刚写的重要信念为例,看看你能否想出它是如何表达的,请写下来:

1.思想: _____

2.情绪: _____

3.行为: _____

意义

现在我们花一点时间专注于讨论意义。

我们之前提到过,在整个过程中,你会逐渐确认对你来说最有益、最重要的信念,并让它们成为生活的中心。如果你能将最深刻的信念、意义以及价值与目标相结合,那么目标实现起来会容易得多。

练习1.6：意义

首先，回顾在阅读本章的过程中你所想到的各种不同的信念，把它们写下来。如果这个信念让你感到快乐，在它旁边打一个"√"，反之，打一个"×"。

然后，在那些你认为与赋予生命意义的东西紧密联系的信念旁边打一个"√"。

最后，做一个关于意义的陈述。对有些人来说，这可能是概念性的——"做有益的事""有所影响"，对有些人来说可能更具体——"保护我的家庭"。

？ 疑难解答

1.增强恢复力是很好的,但是人们不应该直接逃避吗?那是最简单的方法,是吧?

我们认为这种方法产生的问题比它解决的问题要多。但把时间花在导致问题的事情上,问题就会解决而不是被掩盖。

2.说实话我没法准确解释生命中的"意义"。我去上班,然后回家,看电视……我就是顺其自然做这些。这是异于常人的吗? 为什么我没有那些别人会有的意义呢?

生命中的意义并不一定是非常深刻的事。它可以是做好自己的工作,可以是和朋友在酒吧里度过的时间、一场共同经历的足球赛、和女孩们的约会之夜、一次家庭聚餐,可以是我们所珍视的东西。这些都是"意义"。

练习 1.7：本章回顾

我们学习了什么？

用一个简短实用的练习来巩固你所学的内容，你可以闭上眼睛（如果这样对你有帮助的话）。

1. 在脑海中想 3 个恢复力强的人。

2. 确定 1 个你可以展示恢复力的场景。

3. 决定恢复力的 3 个关键因素是信念、意义和什么？

4. 回想在做完图像联想呼吸练习之后，你感觉如何。

5. 列举 1 个你现在或过去所抱有的广义上的信念。

6. 列举 1 个你现在或过去所抱有的具体的信念。

7. 为什么你认为如果你与给予你生命的意义的东西保持联系，你可能就会有更强的恢复力？

8. 想 1 个给你带来很大快乐的信念。

结语

你已经开启了确认信念以及最重要的事的进程。我们会继续学习如何确保你的核心信念是有益的，找到改变或调整无益信念的方法，并将信念与你的目标和志向相联系。慢慢地，你会学着在你给自己设置障碍的时候回避障碍，直到你最终能够用最好的、你所拥有的这双眼睛去探索这个世界。

了解你的大脑

- · 神奇的大脑是怎样运转的？
- · 如何跟你的大脑成为朋友？

本章将会研究大脑不同寻常的运转方式，识别导致自我破坏的诱因，开始发挥巨大的潜能。你可以将这个过程看作与自己的大脑成为朋友。若想与人交友，或与"物"交友，我们需要了解更多关于它的事。

关于大脑以及它的运作方式，仍然有很多未知的内容。过去的十年中，已知的知识迅猛增加。然而，在研究大脑可以实现的惊世之举之前，也许我们需要思考潜藏在"交朋友"的想法下的一个重要概念：你不是你的大脑。

我们经常被问到的一个问题是："我一定是我的大脑吗？"

甚至不可避免地，被问到一个后续问题："如果我不是我的大脑，那我是谁？"

无论是哪一个问题，答案都是否定的。不，你不是你的大脑。我们应花一点时间对自己说出这句话：你不必相信你所想的。因为大脑偶尔会表现不佳，它会告诉你"当你走进办公室的时候，所有的人都比平常更安静一些，那一定是因为他们在讨论你"，你不用相信它，更不用遵照它行事。本书会告诉你如何客观地意识到并探索我们的思想，重塑那些曾经导致不必要的烦恼、自我破坏和错失机遇的思想。

也许你会发现，积极性和自信心的增加会让你获得某种自我，而这种自我能给予你需要的一切。

神奇的大脑如何运转

你的大脑是一个神奇的器官，是一种有着复杂而奇妙的交流系统的生物计算机。我们在此简要描述它是如何运转的。

大脑、脊髓和外周神经组成一个复杂且密切协调的信息处理和控制系统，这个系统叫作中枢神经系统。这个系统的各部分共同运作，控制生活中所有的有意识和无意识的行为，包括思想、观念、身体动作甚至梦。

大脑由大约 1000 亿个神经元组成，这些神经元需要在极微小的距离内相互交流。它们发送出的每条信息都通过电化学传导，这些信息叫作神经脉冲。神经元之间的缝隙叫突触，信息（或脉冲）会穿过这些缝隙，每个神经元的突触有 1000~10 000 个不等。

大脑容量非常巨大。有了这个重要的助手，实现本书概述的内容对你来说是极有可能的。为了表明它的重要性，科学家假设人脑处理信息的速度是每秒钟 100 万兆次运算（即每秒 100 万亿次浮点运算）。不可思议的是，人脑只需要消耗比一个暗光灯还少的能量，就可以完美地与头部联合作用；而现代电脑必须使用充足的服务器才能服务一个小城市，消耗足够多的能量才能为 10 000 个家庭供电。

通过演变，我们的大脑不断发展，为我们的生存助力。当基本生存是首要需求时，一切都很顺利。大脑为我们所用，它所提供的高级信息促使我们进食和繁衍以及躲避很多野兽。然而，由于信息过载和焦虑、担忧过多，我们与大脑的关系发生了逆转。大脑变成了主宰，它放任我们浪费大量的时间，忍受难以抵抗的压力和焦虑，甚至是痛苦折磨。这是一个恶性循环，更多的担忧意味着更少的控制权，更少的控制权又会导致更多的担忧。

与你的神奇大脑交朋友的第一步，是开始通往意识的旅途。此刻大脑在做什么？它是如何度日的？当你正在阅读本书的时候，你有没有走神，去想其他事情？

练习 2.1：图像联想呼吸

我们将用练习 1.3 的图像联想呼吸法来开启意识之旅，但这次呼吸程度要更深一些。请设想一个对你有重要意义的自己的形象。

例如，有一个高尔夫球员，他在吸气时想象高尔夫球杆向后挥，呼气时想象球杆击中高尔夫球，球被呼吸推动着消失在远方。

选择一个你认为会对你发挥作用的形象。如果这次它没有效果，下次就换一个。如果你想不到什么形象，就再一次将思维集中在大海的波浪上，但这次增加更多细节到画面中。

做4组呼吸。

仔细想想这个练习对你来说是简单还是困难的。保持舒适放松；我们再来做一次，但这次如果你的思绪游离了，在那些让你游离的想法消失之前，要意识到它们的存在。完成练习之后睁开眼睛，保持放松和专注。

噪声

你会逐渐意识到你的思想，同时不让它们破坏或者控制你。如果有什么想法非常频繁地浮现在你的脑海中，那么它可能是一个值得理智思考的想法。但你不需要按它的指令行事，也不用陷入一个又一个消极想法循环中。这是我们接下来会研究的问题。思维健康的关键从来不是抑制负面。其他姑且不论，抑制消极思想和情绪真的是一个令人筋疲力尽的过程，你可能会耗费所有的精力去无视一个不断敲打你、想要进入你的大脑的想法。它很庞大，敲打声大到你确定它会吞噬你，但是令人惊讶的是，一旦你接受它的存在，它的庞大和激烈就会消失殆尽。

有一个很好的小练习可以让你习惯于意识到你的思想而不是刻意追踪它。站在一个可以看见车辆通过的地方，让自己在不跟随车的同时注意到车辆。我们把这些想法叫作负性自动思维。你无法消除它们，拥有这些想法是人的本性，但你可以学习如何避免负性自动思维占领你的大脑。

平均每个人每天有高达 60 000 个想法，而且耗费在手头活动或任务中的想法只占非常小的比例，约为 5%，剩余那些杂乱的想法叫作"噪声"。

过去未来噪声

噪声有两种，过去未来噪声和负向归因。临床心理学家称，担忧过去会导致抑郁，担忧未来导致急性焦虑。在史前时代危险屈指可数的时候（虽然这有些难以置信但是真的），危险一旦出现就会被解决。现在我们有许多担忧，大脑标记了很多"危险"，致使我们始终处于警戒状态，持续审视过去的经历并从中寻找差错，对于将会发生什么很焦虑。

一、忧虑过去

我们总是在脑海中重现一些场景或事件，且通常会重新构建，这种"要是……就好了"的重现几乎一直都是消极的。它会把在过去感受到的负面情绪带到现在，使我们又痛苦地重新经历一次。这种对过去的忧虑叫作反省。

人们常说，成功人士会充分且快速反思他们的失败，从中吸取教训，迅速地回到正轨。他们会沉浸于过去的成功，而不是失败。但其实我们都太容易让过去的问题支配我们的生活，这会引发"为什么""为什么是我"的思考。

当然，有一种方式可以让我们的未来比过去更美好，那就是接受我们是谁，我们处于什么位置以及此刻、现在，做出改变。

二、忧虑未来

本质上，它是一个"如果……要怎么办"的想法，太多人在生命的尽头回头望时意识到，我们花了大把的时间担心那些从没发生的事。

那么为什么我们会耗费如此多的时间在这种担忧上？其实，这是一种心理恐惧，对可能发生的事情而不是正发生的事情的恐惧。通常我们的大脑会回忆相似的场景，或者它所能找到的最相似的场景，这些场景导致你产生焦虑，并且大脑会把它们混合在一起变成潜在的创伤。这是非常自然的，要保护你的时候，大脑只能借鉴过去的经验来运作。在一个极端且复杂的场景下，例如战场，这可能会非常有用；在日常生活中，最好是能够一笑置之让它随风而去。

人们很容易忘记一个简单的事实——我们现在所做的事情造就

了我们的未来。如果我们当下充满了对未来的担忧和恐惧，那么这种担忧就会出现在未来，它变成了一个自我应验的预言。本质上，恐惧和担忧与我们的负面信念有关，当我们学着把这些恐惧和担忧暴露在外，挑战并改变他们时，"未来噪声"就会退缩并最终失去它的力量。

这并不是说，我们可以或者应当忽略所有关于未来的想法。良好的计划是必要的，会让生活的压力大大减少。例如，我们发现，一些经理和董事极其善于在组织内部制订计划，但在他们的私人生活中却完全不会使用这种技能。

无论是"过去噪声"还是"未来噪声"，迷失在这些想法中就是在让思想成为主人。正如我们之前提到的负性自动思维（Automatic Negative Thoughts，ANTs），不要让蚂蚁（ant）偷走你的大脑（如图 2.1）！

图 2.1 蚂蚁

　　首先，我们要识别出消极循环已经开始了，并且意识到，仅仅因为某件可能发生的事进入你的脑海并且牢牢地缠住你，牢固到"说服"你产生6个相关的想法。好好想一想，事实上，在无限可能的宇宙中，你所创造的情节完全像你想象的那样准确发生的可能性是非常小的。它会影响你的判断，让你害怕风险，对做出改变感到恐惧或者怀疑。当你想象有压力的情景时，战斗或逃跑模式会开启，同时会产生相应的生理反应，比如心里一紧，或者心脏跳得厉害，就好像那件事正在发生，大脑无法辨别这是真实还是想象的经历。

　　一旦意识到你的大脑已经陷入了负面思绪，且负性自动思维已经出现，你就需要掌控大局，逐渐地将注意力拉回当下。这是一个可以打断消极循环的快速练习，帮助你产生一个新的更稳定、更积极的思想过程。

　　练习2.2：现在（NOW）

　　　　N- 注意（Notice）：扫一眼周围，选择你看到的一个物品；

　　　　O- 观察（Observe）：将注意力集中在你选择的物品上，观察细节；

　　　　W- 好奇（Wonder）：对你正在观察的物品产生好奇心。

消极想法无法与积极的兴趣共存。

记住，任何感官都只在当下发挥作用，而且会将你带回当下。这个练习更适用于视觉型学习者，比如，有些人更善于想象3D场景，并留意细节。但是，也有人是天生的听觉型学习者；可能其思维最活跃的时候是放音乐的时候，在剧院听的比看的多，能记住对话里的词而不是某个人肢体语言或者面部表情。如果你是听觉型学习者，那么练习时，应将注意力集中在你能听到的声音而不是看到的东西上。也有人是天生的运动型学习者，喜欢跳舞，经常运用手势，向别人讲述某件事情时喜欢去演绎当时的场景。如果你是运动型学习者，那么当你做这个练习时，请舞动你身体的某一部分，并将注意力集中在这个部分上。

记住，你不会想要跟你的大脑作斗争；我们不是要征服大脑，而是要和大脑交朋友。无论何时，思绪飘到了过去或者未来且毫无益处，你都要把注意力拉回现在，这会让你朝着更幸福的方向发展。我们不会想要受一个完全只有回忆和预期的人生，即使这种记忆和预期有时是积极的。有能够期待的事情是很好的，但是，举个例子，过度地倒计时，等待假期的到来可能会导致我们错过很多倒计时期间的生活。

为什么我们会产生负性自动思维。大部分时候，这些负性自动思维都表现良好，我们的大脑可以自动运行，这让我们能够按照自己的方式正常运转。如果我们不得不为每个肢体动作和想法提供一个单独的指示，比如你要踢足球或者开车，那么我们可能连系上鞋带或者上车都无法做到！

我们永远无法摆脱负性自动思维，或者说我们也不想这样做，但是它可以重塑我们的信念，识别负面情绪的早期征兆，减弱消极循环倾向。

练习 2.3：过去噪声

在你的笔记本上写下过去 1 天或 2 天里发生的 5 个场景，通常我们在前 1 个小时里就能找出 5 个。

写出来后，如果想起它们让你感觉开心，就在旁边打个"√"，标记为"不想摧毁的、给予我们力量和意义的回忆"；但是，如果是负面的经历，就打一个"×"。

下周继续往这个列表中添加情景。当"过去噪声"出现时，也要意识到，在我们最需要专注于重要的事情时，它经常是自我破坏的武器。

练习 2.4：未来噪声

在你的笔记本上写下 5 个你最近预测会发生的消极或令人担忧的场景。

　　浏览这个列表，每次看一个场景，花 1 分钟重新想象这个场景会以对你有利或能够给你带来快乐的方式发生，不管它让此时此刻的你感觉有多不可能。

负向归因

　　正如我们之前提到的，第二种噪声是"归因"，有破坏力的是"负向归因"，这是一个知道我们所有缺点和恐惧并且一有机会就压制我们的"批评家"。这些想法可能与"过去未来噪声"有关，例如为已发生的某件事责备自己，或者告诉自己"本来可以做得更好却没做到"。

　　当然，能够反思自己的行为以保持"未来指南针"不偏移以及建立自我纠正的能力是很有必要的，但是我们不需要过度评判自我。稍后我们会在本书中探讨从自我责罚到以友善而又有逻辑的眼光评估自己的转变。

　　"负向归因"也是指，我们会告诉自己做不到成百上千万件事，并且完全相信！大部分人都有一些很容易就能想到的、觉得自己做不到的事：我不是那种可以学习一门语言／做数学题／换插头／旅行／学习信息技术／深度思考的人。

　　这张清单无穷无尽。事实上，"负向归因"是非常个人的——

我太胖了／不聪明／不有趣／让人无聊／我没有想象力，等等。如果有人对我们说这些话，你能想象自己会有多生气吗？

有时候这些想法来源于很久以前在某个特定场景中某些人对我们说的某些话。有可能这些话不是准确的事实，或者至少是不那么悦耳的事实。对某些人来说，这些话可能就像住在脑海里的恶毒的小精灵，时刻准备着跳出来攻击。

不过好消息是，不管这些想法是因为什么潜伏在你的脑海里，它们都是可以被改变的。随着不断练习以及重新审视且改变那些助长它们滋生的信念，这些想法会逐渐失去它们的力量，直到不再来烦扰你。

"负向归因"也与恐惧有关，比如一些让你害怕的情形。我们都知道，普通的恐惧也可以使自信的人变得口齿不清！

练习 2.5：归因森林

和一些其他的练习一样，这个练习需要运用想象力。

借助一张你位于中间位置的图片，画像或者照片都行——哪个最适合你就用哪个。

现在，在你周围画几棵树，每棵树旁边画上一个对话气泡，在每个对话气泡中填上一个关于"负向归因"的陈述。

如果你已经画好树但是想不起来任何关于"负向归因"

的陈述，可以试着使自己陷入深度思考来看看会想到什么，这会降低你的防御心理。一步步建立你的森林是非常好的。把照片随身携带，想起任何关于"负向归因"的陈述时，都可以填写在对话气泡里。

无论是"过去未来噪声"还是"负向归因"，随着你逐渐开始注意到它们，你会变成一个更熟练的观察者，比如，如果你的大脑给了你有益的建议或者在传递负性自动思维，你都会知道。我们能够意识到负性自动思维的存在并继续前行。记住，噪声不是自我的真实声音。自我应从噪声中解脱出来，更满足，更富有洞察力且更和善。我们会慢慢地能够把越来越多的注意力集中在此时此刻。

人生中，有一些时候，你会偶然碰到这些场景：落日如此美丽以至于除此之外，你看不到别的事物；美术馆的一幅画美到令人窒息；你的孩子第一次自己系鞋带。你看到的世界将会更生动，你和世界的联系也会更鲜亮、更丰富，也更深刻。

巴甫洛夫定律诱因

那么为什么摆脱"负向归因"不能仅仅是决定专注当下这样简单呢？这是大脑的工作方式导致的。大脑发挥功能是通过研究与现在的情况看起来相似的过去的事件以及运用这些经历来产生一个"解决方案"的，是一种生理反应。大脑中的杏仁核会产生"巴甫洛夫联系"，但我们不会有意识地注意到这些联系。巴甫洛夫条件反射是一种有条件的反应，大体上是以这种方式发挥作用的：如果你"看到"或"听到"此事，你会"感受到"此事。激发下意识反应的时刻叫作"巴甫洛夫定律"（又称"条件反射定律"）。

这个反应出现后不会暂停，使我们没有决策能力，也没有理解能力。在极端案例中，对于那些遭受创伤后应激障碍（PTSD）的人来说，杏仁核变得更易于代谢反应，脑杏仁核会增大。

例如，它可能是在与前任发生不愉快的争吵时播放的一首乐曲，你甚至都没有意识到这首乐曲，但是当你听到这首曲子的时候，你会心里一紧，口干舌燥。你站在拥挤的站台，突然非常不舒服，但是你可能不会意识到是因为一家碰巧开在候车大厅里的咖啡厅播放的一首乐曲。

气味通常是非常有力量的诱因，我们更不太可能意识到它。你的新老板喷了一种香水，和你孩童时期的一个有掌控权的人物喷的香水一样，但你就是无法明确说明为什么你的富有同情心的且有能力的新老板让你感到不安。这时常出现，因为过去的痛苦被激发了。

专家认为，社交媒体的出现大大增加了脑杏仁核的诱因数量，这可能是当前与焦虑和压力相关的疾病持续大幅增长的众多原因中的一个。

由于这些诱因在不断重复，它们很可能已经融合在你的认同感里了。"我总是在……上特别不幸""我是……的人""我总是选择……的伴侣""这就是我，难道不是吗"，这些都是常见的未被意识到的受害经历。

正如"归因"一样，一旦你承认和接受这些巴甫洛夫定律诱因的存在，它们的力量便开始被削减。当你第一次感受到神经紧绷，或者意识到压力靠近，你可以使用练习之一——现在（NOW）练习——来恢复自己的掌控权。在给他人进行培训时，我们发现一种有效的方法，叫作"脑海中的散兵坑"。这个练习是由杜鲁门总统在二战时期"发明"的，他的助手问他是"如何做到在最有压力的情况下仍然保持镇定"的，杜鲁门总统说，"因为任何有必要的时候他都能够跳出有压力的困境，他在脑海里有一个散兵坑"。

> ## 练习 2.6：脑海中的散兵坑
>
> 开始时，请确保采取舒适的坐姿；做两组呼吸，鼻腔吸气，嘴巴呼气，现在闭上你的眼睛。
>
> 第一个阶段是想象一个安全且美丽的地方，可以是你去过的地方，或者从书、电影中"看过"的地方，也可以想象一个全新的地方。在你想象这个地方时，试着想象关于这个地方的尽可能多的细节，这个地方就叫作散兵坑。我的散兵坑是一个埃及水下城市，我想象出了雕塑的细节、

触摸岩石的质感、水的温度以及鱼在我身边游泳；我通常是漂浮着的，但如果我的脚接触到地面的话，我能感受到沙是什么触感。当你建立了这个地方，就想象自己在里面穿行。

第二个阶段是给自己一个"行动触发器"（不要与巴甫洛夫定律诱因混淆），以带自己自由出入这个空间。使用"行动触发器"会帮助你更快地"移动"到散兵坑中。我的"行动触发器"是用右手在左肩拍两下。"行动触发器"可以是打响指、鼓掌甚至是挑眉，如果你想在忙碌的会议中不被察觉地做这个练习，挑眉是个不错的选择！如果你已经选好了一个简单的动作，再试一次这个练习，这次请用你选择的触发器进入散兵坑，在这个空间里待1分钟，然后再次运用这个触发器离开。

尽量确保每次做这个练习时，都加入新的东西。练习做得越多，当你使用"行动触发器"，进入散兵坑时，像心跳加快和应激激素皮质醇增加等这种身体层面的压力会下降得越快。

快乐触发器

快乐触发器也是在我们没有意识到它的情况下发挥作用的。多巴胺是一种化学物质，经常被称作"快乐神经递质"。快乐来自多巴胺的释放，例如吃巧克力。但是，这种化学物质并不是因为吃东西而释放的，而是因为我们对吃的期望！很多科学家认为，这是成瘾的神经学基础。

这种思维方式使你的大脑把注意力放到未来，比如期待一块巧克力或者下一支烟。所以，我们也有能力把注意力拉回现在。如果你需要一定量的多巴胺，有很多更健康的方式可以获得它，我们将会在第七章详细论述。

正如我们已经说过的，在你学习观察负面想法、识别诱因的时候，这些负面想法和诱因就会失去它们的情绪控制力。你会逐渐感觉到，你正在与你的大脑更和平地共处，你会逐渐接受并且评估它。

练习 2.7：本章回顾

让我们来做一个简短的练习巩固所学的内容。我们希望你能在这个练习中加入想象力，这会帮助你记住你所学的内容。画一幅大脑的图案，加一些从大脑发散出来的线，在每一根线的末尾写一条目前为止你所知道的关于大脑的信息。

我们已经学习了以下内容：

1. 你不是你的大脑；

2. 大脑是如何运行的；

3. 如何将你的注意力集中在当下；

4. 过去未来噪声是如何扰乱你的；

5. 负向归因是如何扰乱你的；

6. 巴甫洛夫定律诱因是如何工作的；

7. 快乐触发器是如何工作的。

? 疑难解答

1. 我的担忧是我有很多想要处理的负性自动思维，但是随之而来的是，我有一个根深蒂固的想法就是，如果我不对未来可能发生的某件事做出最坏的打算，就是在蔑视命运，这会让那件事更可能发生。

我们经常会听到这种担忧，一个我们长期抱有的信念非常牢固，改变它，我们会感觉很奇怪。不如试着去接受。

2. 我一生都充满了负向归因，我是我自己最严苛的批评者。这已经根深蒂固了，成为我本身和我所做的事。我真的不觉得我能够做出改变。

我们中的很多人惯常地自我谴责。我们可以试着做出改变，首先是接纳，然后是拥有同情心，对自己和对他人的同情心。我们可以学着对自己更友善一些，这不是不负责任，只是在接纳自己，不为错误谴责自己。这需要时间、实践和情感投入，但它是可以完成的。

结语

虽然你并不是你的大脑，但它对于你来说是至关重要的一部分，它极度复杂又极其美妙。人类大脑新皮质包含 3 亿个模式识别器，这些识别器负责模式的存储和调用，这些模式致使人类产生思想。事实上，计算机模式识别器的设计原理就是从哺乳动物模式识别器的生物学基础发展而来的。

模式识别器的运行很可能与我们的自我相违背，这就是为什么它会是我们的劲敌。但是当我们能控制它的力量和能力时，当我们可以与大脑交朋友时，我们就能认识到自己巨大的潜力。

第
三
章

Chapter Three

找到自我发展的方向和力量

· 在大脑中建立新通道，引领你
  成为你想成为的人

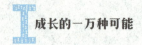

神经可塑性

正如在前言里所说，之前人们普遍接受一种观点，即一旦成年，我们的大脑以及我们的性格都定型了。但是其实在整个生命历程中，我们都可以重塑大脑，而且我们还知道（并且还在继续学习更多）这个过程是如何运作的。这意味着我们可以做出改变，从而自由地选择我们体验世界的方式，我们可以在大脑中建立能让我们成为想要的样子的新通道。

这种能力叫作神经可塑性。20 世纪 90 年代，科学家发现了中枢神经系统在脑损伤后自我恢复的独特能力。我们可以改变正在思考的事，改变思考它的方式以及通过改变我们的思想来改变我们的情绪和看起来能控制我们生活的反应模式。我们可以摆脱恐惧，指导自己完成那些一直觉得自己做不到的事。我们可以实现我们真正想要的，自信地做演示报告、不再害怕蜘蛛、大步走进房间、在派对上展现自我。

虽然它无法让外部世界带给我们的恐慌和创伤像变魔术一样消失，但是我们可以让这些负面情绪不再伤害我们。蜘蛛仍然存在，但这些栖息在地板上的物种不会再伤害我们。

　　神经可塑性是让 ABC 模型最大限度地有效发挥作用的关键性因素（我们会在第四章讨论 ABC 模型）。你可以识别那些阻碍你变成你想成为的人的信念，挑战并改变它们。

神经可塑性是如何工作的

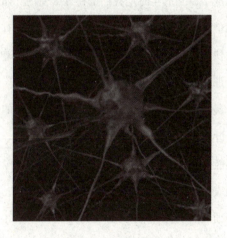

图 3.1　神经细胞

　　大脑包含几十亿个叫作神经元的神经细胞（如图 3.1），它们将信号传输到大脑，同时也向外输送大脑的信号。当神经元联结时，它们会建立高速通道来传输神经信号（信息）。大致来说，如果一个通道经常被使用，大脑会自我修复使传输过程更容易。如果神经元和其他神经元同时被触发，那么固有模式和传输通道就会出现。例如，如果你把薰衣草的气味和你的姨妈玛吉联系到一起，那么当你想起姨妈时，与这个形象和气味有关的神经元可能会同时被触发，一条传输通道就形成了。这种现象有一个我们很喜欢的名字，"一起发射则连在一起的神经元"。

由于父母的影响和年少的经历，很多传输通道在我们的孩童时期就已经形成了，到成年时期我们也在继续使用。如果这条传输通道是积极的信念或者态度的话，是没问题的；但是有一些传输通道是根据不愉快的经历或知觉创伤而形成的，这些通道可能会让我们很难去执行那些我们理性上知道有益于我们的改变。这是因为大脑自己会选择最常使用、最强大的通道，即阻力最少的线路。这些通道可能在告诉我们：

1. 我不能……

2. 他们应该……

3. 我必须……

现在我们知道我们可以建立新的神经通道。当你学习新的知识或者针对某个问题、你自己、更广阔的世界，开始学习新的思维方式的时候，你的大脑会建立新的神经通道来助力这种学习。

首先，新的神经通道是脆弱的，它是一条临时路径而不是一条坚固的大道。但是，如果你越来越多地使用它，它会变强大，最终成为"主干道"，即阻力最小的路径。

理性理解将会围绕新通道而发展；你理智上知道这是有效且有益的，并且会给你的人生带来积极的变化。慢慢地，这就变成了一种情感理解，你感觉它是真实的，它与你看待自己的方式相符，并且它让你很快乐。

新通道的加入有多快、多深，取决于重复性和活力，即情感奉献与投入。一般需要 6 周，这就是为什么在本书的最后，我们所提供的后续练习将持续 6 周。

自然界里，蚕蛹转化为蝴蝶，科学和哲学领域中，贱金属会变成黄金，改变是我们每个人都具有的能力。

当然，魔法棒只有一个，那就是你。如果你足够渴望，你就可以实现真实而长久的改变。

练习 3.1：承诺做出改变

列出 5 件你希望你自己做了或希望自己没做的事。

现在根据你有多想要它发生来给每件事打分，最低 1 分，最高 10 分。

比如"我希望我有足够的精力来做清单上列的事"或"我希望我没有推迟想做的事"，这些都可以协商，最后给这些事编号。

清单上的事，可能有些无法实现，但是我们一定能实现一些非同寻常的事，仅通过练习即可，这是目前为止最有效的方法之一。

在长期复杂的障碍症状治疗中，"通过使用认知行为疗法（利用神经可塑性的原理）可以实现什么"，这个问题意义非凡。即使是对有严重创伤后应激障碍的人，认知行为疗法也非常有效，很多临床医疗都用认知行为疗法来治疗抑郁症、人格障碍和精神病；它也被用于治疗成瘾和恐惧症，并且成效显著。

改变有多容易

让认知行为疗法生效需要什么？如前所述，需要练习和投入。你必须渴望改变。它不耗费时间，至少不需要你将这些练习挤进你的密集的计划表中，它所需要的只不过是，在每一天开始和结束的时候，你能够花 5 分钟来做一些积极的开发练习，确保你朝着正确的方向前行。

刚开始这将是一个刻意练习的过程。你会意识到你的大脑有不那么"忙"的时候，例如站在拥挤的火车里、在超市排队，这些时刻就是你有可能会慢慢想到清单中未做之事的时候，也是负性自动思维动摇你的决心的时候。

慢慢地，你会用积极的想法、正向归因和肯定——所有那些能让你下火车时的状态比上车时好的事情——来填补这些时间间隙。

随着时间的流逝，你会越来越自然地摆脱负性自动思维，新的积极的想法足以防御任何潜在的恐惧和担忧，新的通道将成为最常用、阻力最小的通道。

你为什么想要改变，你想成为谁

下一章我们将会阐述如何运用奇妙的神经可塑性来识别、挑战并改变信念。在此之前，让我们花 1 分钟抽身出来，回答一个重要的问题——"你想成为谁"。

可能有些人从来没有想过这个问题。我们思考目标和志向的通道可能已经变成了和思考其他任何事情一样的神经通道。如果被问到以下这些问题，我们可能偶尔会在社交场合中轻松地回答出来：

"我正在努力地成为公司合伙人。"

"当然，我更愿意做我自己的老板。"

"我来自一个大家庭，所以我想要很多小孩。"

"将来有一天，我想重新开始演艺事业。"

每次我们说这些目标的时候，都加深了这些目标在脑海中的印象，但是也许我们根本就没有认真考虑过这些目标，更别提去实现它们。如果你有目标，现在正是时候去跟它握握手，看看它是否仍然适合自己。那是你想成为的"你"吗？

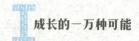

练习 3.2：成功的你

想象不远的将来，当你已经改变了你的信念、思维和人生时，自己会是什么样子的，写出 5 件那时的你会做的事情。

在这 5 件事情上祝贺未来的你——这 5 件事可大可小。

把它们写下来：

1._____

2._____

3._____

4._____

5._____

现在为在这里写下的每件事祝贺自己，大声说出来。

适应行为

我们可以不断改变，让大脑做好准备去养成新的习惯和行为，这叫作适应行为。习惯于快速变化（无论这个变化有多小）的大脑更易于建立新的通道。

适应行为即运用"ABC 模型"来挑战和改变信念，从非建设性倾向或习惯转换到建设性倾向或习惯。你越想要改变你的人生，就越容易做到。

有证据表明，习惯于细小变化的大脑在处理突发的重大改变或危机时会更加强大。

我们，或者说我们中的大部分，都是习惯性生物。喜欢在放牛奶之前放茶；系鞋带会先右后左或先左后右……对于很多事情，我们都有自己独特的方法。

但是，总会有一些离你很近但你从来没有走过的路。在培训中，我们让人们摘掉她们的手表或手镯，然后戴在另一个手腕上。如果你正戴着手表或手镯，现在尝试一下。很多人会说，"我感觉不是我了"。任何改掉过一个坏习惯（如抽烟）的人都会知道，我们最需要克服的强烈感觉就是：你已经失去或者放弃了某个让你成为"你"的东西，甚至失去了"你自己"的一部分。

摆脱习惯性定向障碍的方法是做更多相反的事（例如与抽烟相反的事是持续地戒烟），这是违背直觉的，会产生非常强烈的不安或焦虑；然而当通道变得稳固后，你会感到安稳，与你的大脑舒适自在地相处，感到轻松且自信。

持续做出小的改变是让大脑准备好变得更"可塑"的一种方式，这将使我们变得更年轻、更有冒险精神、更有活力。积极寻找想要改变的事的行为会给我们一种诱人的自由感和挣脱束缚的感觉。

练习 3.3：你现在就可以改变的小事！

首先，写下 3 件你现在就可以改变的小事。

1._____

2._____

3._____

然后，花一天的时间积极寻找你可以改变的事，把它们加进以上已经建立的清单。

练习 3.4：本章回顾

首先，请用一句话解释神经可塑性是什么。

其次，写出适应行为的几个益处。

最后，找出你的朋友中某个你觉得对变化适应能力特别强的人。

❓ 疑难解答

1.如果已经建立了新的神经通道以及新的信念和行为，那么会轻易重新回到以前的生活方式吗？

大脑的效率非常高。想法一般在最常用的通道上传输，随着时间的推移，旧通道的利用率降低了，新通道会变成常规通道。当然，旧通道也可以被重建，所以保持警惕，留出时间进行有意识的改变。

2.我讨厌变化，一直都讨厌。我是习惯性生物，用习惯做事让我觉得很舒适。我为什么需要有适应能力？

适应行为是在拥抱变化。变化是生命中唯一不变的事，但是对改变的恐惧也是我们生活的一部分。学会变得更适应变化能够减少因感知到威胁而产生的自我触发的焦虑，发展和成长的过程需要适应能力。

结语

我们周遭的世界持续地塑造着我们和我们的大脑。这意味着，通过我们所说的话和所做的事，我们有巨大的潜力去积极地影响他人；反之，也有可能伤害他人。理解大脑是如何工作的赋予了我们所有人一个新的责任。

　　"我不是有意冒犯或伤害"这个理由已经不能用于推脱责任了。现今，我们甚至都不用亲自到场，造成冒犯或伤害的可能是我们在网络或社交媒体上发布的一条信息。

　　因此，我们应变得冷静、自信和快乐，重塑大脑，成为你想成为的人。

第
四
章

Chapter Four

改变你的反应

· 如何改变你对每件事的反应

本章便会解释 ABC 模型是什么，你会学习到如何改变对生活中发生的麻烦事的反应。

理性情绪行为疗法（简称 REBT）和它的同宗认知行为疗法在全世界范围内被用于治疗焦虑、抑郁、成瘾、创伤后应激障碍和一系列性格障碍。ABC 模型是一种注重于效能和个人提升的指导性模式，而不是一种临床疗法。

理性情绪行为疗法的哲学历史悠久，可追溯到哲学家爱比克泰德（Epictetus）的理论。爱比克泰德是一位斯多葛派哲学家，引用他的话说："人类并不为事物所扰，而是为看待事物的视角所扰。"

换句话说，重要的不是发生了什么事，而是你应对这件事的方式。爱比克泰德的追随者罗马皇帝马可·奥勒留·卡鲁斯（Marcus Aurelius Carus）说："创造幸福生活所需要的很少，一切都在你的内在以及思维方式中。"几百年后，伟大的诗人威廉·莎士比亚（William Shakespeare）在《哈姆雷特》中写道："事情并无好坏之分，只不过取决于人的想法。"

理性情绪行为疗法和认知行为疗法

20 世纪 50 年代中期，美国心理学家阿尔伯特·艾利斯（Albert Ellis）发展了理性情绪行为疗法，通过突出和挑战人们无益且刻板的信念，帮助人们改变他们的非理性想法和行为。

认知行为疗法的创始人 A·T. 贝克（Aaron T. Back）遵循相同的基本模型，但是认知行为疗法集中于讨论认知障碍，即一些无用的思考方式。

基于理性情绪行为疗法的 ABC 模型是本书的核心。一旦学会用它去检测那些根深蒂固的信念和态度，所有事都会改变，我们不再易受他人的情绪影响，不再感到自卑并且可以主导自己的情绪。

ABC 模型

ABC 模型使我们能够重新定义那些导致情绪障碍的问题。换句话说，它能从根本上解释为什么我们会有负面情绪。

ABC 是一个首字母缩略词：

A——激发事件（Activating）或困境（Adversity）；

B——关于激发事件或困境的信念（Beliefs）；

C——信念产生的结果（Consequence）。

大多数人都在某个时刻经历过这种困境。

当所有事似乎都在密谋反对你的时候,你会度过什么样的一天?不是指可怕的事,只是一系列会让我们感到有压力和焦虑的恼人的事情。我们会无法控制我们的情绪,大声斥责他人,甚至摔东西。我们都有过这种经历。

比如,因为一个重要的会议,你想比平时更早一点去上班。结果临出门找不到会议需要的文件,你搜索整个房子想要找到它,依旧没有找到;你从家里出发的时间也有点晚了,你想着到公司的时候可以重新打印一份;你冲出房子全速奔向公交站,开始下雨了,但是你没带雨伞;到车站的时候你要乘的车刚好开走了,车身消失在远方,等下一辆车需要 20 分钟。你知道,开会要迟到了,没有时间打印文件了,你因淋雨而浑身湿透了。你斥责自己如此愚蠢,后悔没能提前一晚准备好所有的东西;你想到你的同事会认为你不称职且不专业,这会影响你晋升;最后你想到"现在一切都结束了,我都不值得拥有一份好的工作"。

这个场景看起来眼熟吗?你能回想起一个已经很不幸的场景变得更糟糕的事情吗?

让我们把这件事情放到 ABC 模型中。

A——激发事件(Activating)或困境(Adversity):

发生的事情或者所处的情境——一个完全可避免的重要会议的迟到。

现在，要直接跳到 C——结果（Consequence），因为这是我们所做的却没有意识到的事情，这被称作"事件影响结果"。

这个情境的"结果"是什么？根据结果的元素来展示就是：

1.情绪——我们在这个情境中所产生的情绪；

2.行为倾向——我们想做的事情，即使我们没有采取行动；

3.行为——我们所展示的行为，即我们如何反应；

4.生理——身体行为的结果（症状）。

C ——信念产生的结果（Consequence）（我们的故事结果看起来会是这样）：

情绪。很明显，你会感到强烈的焦虑以及愤怒。你愤怒的是自己如此愚蠢，违背平时的高标准，做出不负责任的行为。你也会感到羞愧，因为你认为自己丧失了职业道德。

行为倾向。此刻，你只想称病回家。但这也不完全是一个谎言，因为你真的感到不适。

行为。愤怒激发了你的攻击心态。你会小声咒骂，谴责自己，同时也有可能会对公交站的某个陌生人说出不够友好的话。

生理。症状包括心脏急促跳动、脸发红等，这是因为你的战斗或逃跑反应被激发了。你心烦意乱，很担心这个会议，所以胃在翻腾；你的脸发红，不仅是因为你跑着追公交，还因为产生了应激反应。（花一点时间想想自己有没有出现过这种感觉。）

在公交车站，你觉得压力很大、愤怒、浑身湿透、灰心沮丧。

你不耐烦地等着下一辆公交车，随着时间的流逝，压力变得更大。你可能会这样总结此时的境况：

1.因为我没有做好本来应该做的准备而导致错过了公交车，现在我要迟到了。

2.我现在压力很大，很愤怒，如果我搞砸了会议的话，一定会失去我的工作。

这个场景中有个重要的部分被忽略了。以下是我们找出缺失部分的方法，这里会应用一个概念，叫作"100人准则"。

100 人准则

如果有 100 个人处在和你完全相同的情境中，他们都会做出相同的反应吗？每个人都会感到有压力吗？每个人都会谴责自己吗？每个人都会预想最坏的结果，认为他们的同事都是充满敌意且冷漠的吗？

想象 100 个人在同一种情境中，比如有 100 个人离婚了。你不会预想他们所有人都感到抑郁和沮丧，有的人可能会兴高采烈，把离婚看作一个新的开始。在任何给定的情境中，每个人都有不同的反应。

在事件影响结果（A to C）的预想中，有一个东西被忽略了，就是信念（Belief）。是我们秉持的信念决定了我们对困境的反应，也决定了我们对任何情境的反应。

B——关于激发事件（Activating）或困境（Adversity）的信念（Beliefs）：

让我们来研究一下信念。首先要明确的是，我们想要挑战的是非理性的、导致无益情绪或行为的信念，并不是要推翻你的价值体系或精神信仰。我们所指的信念是，对生命中的事物所赋予的基于态度的意义。信念来自我们所秉持的个人原则。如前所述，一部分信念是孩童时期形成的，因此它们是根深蒂固的，它们引导我们，是形成我们所认为的自己的基础。它们让我们发挥个人价值，比如善良、体贴、有同情心、无私、慷慨、诚实或者正直。很明显，我们的信念可以是非常积极的、带来力量的和有益的。

但当它们不是这样的时候，发生了什么？

例如，我们有一个童年形成的信念，这个信念表明，从根本上来说我们是愚蠢的，怎么办？事实上，很多人都有类似的消极信念，我们相信我们可能无法成功因为我们不够聪明。这种消极信念可能导致我们一生错过很多机会。我们所持有的信念会从根本上影响生活方式、人际关系、个人成功和终极幸福。它们决定了我们看待自己、他人和更广阔的世界的方式。

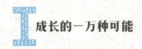
信念可以是……

一、不同寻常的或常见的

一个不同寻常的信念是我喜欢一种饮品，或者我不信任任何不信任别人的人；

一个常见的信念是我为他人拉住一扇开着的门，他们必须感谢我，如果他们没有表现出基本礼貌，没有任何感谢就走了，我会很烦，并且以消极的方式做出回应。

二、真实的或虚假的

真实的信念是太阳明天会升起（这取决于普遍规律而不是人为制定的法规）；

一个虚假的信念是我们必须表现得幸福，无论发生什么事我们都必须兴高采烈。

三、现实的或不现实的

一个现实的信念是并不是每个人都喜欢我，总是会有人很冷漠；

一个不现实的信念是每个人，没有任何例外，绝对都讨厌我。

四、刻板的或灵活的

一个刻板的信念可能来自绝对主义者，或者很武断的人。"这一定会发生，当我出席董事会的时候我必须表现完美。"

一个灵活的信念是带有偏好的。"当我出席董事会的时候我更想完美一些，但是我也承认优秀是我能达到的最高程度了。"

五、有益的或无益的

一个有益的信念是那些对你有好处的信念。"我能理解我不可能所有事情都做得完美，但是我可以尽我所能努力做到最好。"

一个无益的信念会与刻板的、不现实的和虚假的信念相融合。"我必须任何时候都保持完美，不遵守这个要求会使我完全成为一个坏人。"

练习 4.1：信念举例

我们来做一个识别信念的快速练习。在每一个信念后，举一个例子，可以是你自己的例子，也可以是朋友、同事，或者其他人的。

一个常见的信念：＿＿＿＿＿＿＿＿＿＿＿＿＿＿

一个不同寻常的信念：＿＿＿＿＿＿＿＿＿＿＿＿

一个真实的信念：＿＿＿＿＿＿＿＿＿＿＿＿＿＿

一个虚假的信念：＿＿＿＿＿＿＿＿＿＿＿＿＿＿

一个现实的信念：＿＿＿＿＿＿＿＿＿＿＿＿＿＿

一个不现实的信念：＿＿＿＿＿＿＿＿＿＿＿＿

一个刻板的信念：＿＿＿＿＿＿＿＿＿＿＿＿＿＿＿

一个灵活的信念：＿＿＿＿＿＿＿＿＿＿＿＿＿＿＿

一个有益的信念：＿＿＿＿＿＿＿＿＿＿＿＿＿＿＿

一个无益的信念：＿＿＿＿＿＿＿＿＿＿＿＿＿＿＿

组成信念的是态度（事情应当或必须如何）、期待（我们必须如何表现，其他人必须如何表现，或者这个世界必须如何对待我们）以及个人原则（我们秉持的固有的宇宙法则，我们捍卫它们就好像它们是真的法规一样）。当我们评判自己（通常会非常苛刻）、他人或者世界的时候，我们会坚持遵循信念。

所以，重塑信念，我们也许会获得焕然一新的、更强大的、更真实的自我。

让我们重新回到剧情中——无法准时参加重要会议，似乎所有的事都在和你作对！

利用 100 人准则，如果将 100 个人置于相同的情境，每个人都会有不同的反应。

现在让我们把 B［关于激发事件（Activating）或困境（Adversity）的信念（Beliefs）］加到 ABC 模型中。

A——因为一个完全可避免的、个人原因造成的重要会议的迟到。

B——"我绝对不能迟到。""迟到是糟糕且无法接受的。""我无法忍受同事们的负面评价。""我太笨了，这证明了我有多愚蠢。"

C——情感是焦虑、愤怒、羞愧；行为倾向是逃跑；行为是攻击、咒骂；生理是心跳加速、反胃、脸红、强忍眼泪。

这表明，并不是事件本身导致了不愉快，而是我们所持有的无益的、刻板的和非理性的信念困扰了我们。

让我们烦恼的不是事情本身，而是我们抱有的关于这件事情的信念。

我们可以改变我们的思考方式，这将充满力量地、充分且积极地改变事情的结果。我们可以运用 ABC 模型作为评估情境、识别非理性信念的机制，并改变信念，建立一个更灵活的、更现实的信念。就我们变得自信和幸福以及释放埋藏在内心的潜力而言，这就像黄金一样有价值！

非理性信念

在我们仔细研究改变信念的方法之前，我们应当花一点时间了解更多关于非理性信念的内容。

非理性信念是：

1.刻板的或极端的；

2.不现实的；

3.无逻辑的；

4.对于实现目标无益的。

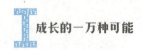

练习 4.2：识别非理性信念

通过故事的示例，现在我们更容易识别非理性信念。请将下列非理性信念的特点和表现连线。

要求   我绝对不能迟到

往坏处想   迟到是极其糟糕完全无法接受的

低挫折承受力   我无法承受同事们的负面评价

贬低自我 / 他人 / 生活   我太笨了；它证明了我有多愚蠢

质疑

识别自己和他人的非理性信念是一种自我 / 他人意识，这将是改变无益的思考、感受和行动的重要一步。为了让我们做到这一点并且产生持续的变化，我们将在 ABC 模型中加入另一个字母，D——质疑（Disputing）。

质疑的目的是识别且评估那些可能正在影响事情的结果的信念的有效性。关于信念，有 4 个要回答的争议性问题。让我们以下信念为例——我所做的每件事都必须百分百完美。

1.它是真实的吗？

你的信念是真实的吗？不。"必须"这个词表明这个说法是一个刻板的要求。这是一个完美主义者的非理性信念，它会给自己以及他人带来烦恼。

2.它是有逻辑的吗？

"要求每件事百分之百完美"是有逻辑的吗？这会发生吗？说得通吗？不。如果它没有发生，你会有什么感受或者做出什么行动？

3.它是有益的吗？（根据"它如何帮助我"来判断）

这个信念是有益的吗？不。这个信念是没有好处的。它会造成拖延以及挫败感。它是一个适得其反的"策略"。如果你要求别人完美，它可能有更严重的影响。

4.你会把这个信念教给别人吗？

这是杀手锏问题。在讲解ABCD模式时，即使是前3个问题都顺利"通过"的信念，也最终在这个问题上被质疑了。现在可以开始改变信念了。

改变的进程——将要求变为偏好

因为神经可塑性，我们能够改变我们思考、感受和行为方式（如果我们真的想要这么做的话）。在我们的课程中，很多人会说："我一直都是一个容易忧虑的人，我母亲以前也是一个容易忧虑的人。

我没有希望了！"这并不是一个遗传特征！你有改变的力量。

我们知道刻板要求是不好的，如果我们真的要改变，就需要重塑刻板要求。有没有什么可以替代刻板要求的信念？有。偏好！要求只给了我们一个选择，是武断的，"我必须……""他们应该……""我们不得不……"。但偏好给了我们两种或更多的选择。

在这个背景下，偏好是什么意思？我们可以这样表达一个偏好："我更倾向于一直做出完美的作品，但是我也接受完美是不可能的，所以追求卓越是我的目标。"

当我（贝丝·伍德）第一次开始使用 ABC 模型的时候，是偏好让我感觉如释重负。我努力让自己想着偏好而不是要求，这确实让这个世界变得有点不同。当一个困难的事情出现时，我会不断宽慰自己：

·我更希望艺术中心没有被布置成圣诞老人洞穴，但是我接受这已经发生了，我们有可能想出一种折中的办法。

·我更希望我仍然能开车（我有青光眼），但是我接受这是不可能的，而且我家外面就有公交车站。

这让我更欣赏他人，也更欣赏自己。

练习 4.3 偏好

写下 3 个你现在或过去秉持的刻板要求，并将它们改写成偏好，用"我更希望……但是……"的句式。

1. 要求：_____

   偏好：_____

2. 要求：_____

   偏好：_____

3. 要求：_____

   偏好：_____

运用 ABC 模型

这是令人兴奋的时刻。我们现在准备好要开始运用 ABC 模型了。

练习 4.4：运用 ABC 模型

首先，花几分钟想出一个你目前遭遇的问题，它可能是一个长期的困境，或者当前的担忧、挑战。

A——激发事件（Activating）或困境（Adversity）。

遇到了什么问题？尽可能简洁地描述它。

B——关于激发事件（Activating）或困境（Adversity）的信念（Beliefs）。

关于 A 你的信念是什么？这个信念是刻板的吗？是一个要求吗？可以用"必须""不得不""需要"来判断。

C——信念产生的结果（Consequence）。

情绪——留意它让你感受如何。

行为倾向——它让你想要做什么？

行为——你做了什么？

生理（症状）——你头痛吗？心跳很快吗？

其次，基于你的信念，回答以下问题：

1. 它是真实的吗？

2. 它是有逻辑的吗？

3. 它是有益的吗？

4. 你会将这种信念教给其他人吗？

最后，重塑信念让它更有用处，比如，如果它是一个刻板要求，就把它变成一个偏好。把有益的新信念写下来（或者大声说出来）。闭上眼睛，想象新的、更有用的信念会如何改变结果。

? 疑难解答

1.如果从刻板信念转换到偏好，我不会变得效率很低吗?

你可以维持极高的标准和严格的方向，同时有灵活的、现实的信念和可实现的目标。我们可以对他人有高标准，但我们不能要求他们，因为我们对他人没有绝对的控制权。对自己和他人提出永远都无法满足的要求会让我们和他人感到极度不安。

2.如果一个真的非常糟糕的事发生了会怎么样? ABC模型如何帮上忙?

ABC模型源于理性情绪行为疗法，这种疗法对于帮助那些经历过创伤的人效果显著。如前所述，认知行为疗法被广泛应用于治疗创伤后应激障碍。它并不是在试图改变事件，而是改变我们看待事件的方式。

结语

学习 ABC 模型，并且将其融合到你的日常生活和思维习惯中是本书的关键内容。当你有意识地决定如何应对某种情境，选择有好处的而不是困扰自己的方式，你会重新获得对生活的充分掌控。

　　并不是说生活会马上就变得轻松、幸福，而是你可以减少对即将或可能发生的事的不必要的担忧，并以一种将烦恼和冲突最小化的方式管理情绪。在实现更淡定、快乐和从容应对人生挑战的生活旅途中，摆脱那些让你犯错的无用信念是关键一步。

设定合适的目标

· 如何设定与你的积极信念相符
  的目标并且坚守目标

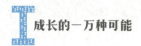

准备设定目标

设定目标应该是一件让人有点兴奋的事。设定目标时，我总是会有一种喜悦感，就像我孩提时代被带到糖果店的柜台，把空袋子递过去时的兴奋。有很多人完全不设定目标，或者虽然设定了，但根本没有好好思考，还不如不设定。

也有些人会选择完全无法实现的目标，因为从某种奇怪的角度上讲，这让他们摆脱了实现目标的困扰。反正是不可能发生的，这种目标有什么意义？

有孩子的人都知道，所有的目标会突然就都被塞进麻袋，散落各处了，有些落在不远处，但其他的就随风飘散了。这并不是因为你已经"忘记你的梦想"或"埋葬你的希望"，只是你有了新的优先事项，即使拿世界来换它你也不会愿意。

确认你现在的目标，并与有益的信念和意义紧密联系，这非常重要。

思考一下你真正想要什么，真正想要做什么，真正想要成为什么样的人？值得一提的是，并不是所有目标都要非常庞大或者能改变人生。

很多年前，我（安迪·巴克）在一家剧院工作，断断续续地做了几年低报酬工作之后，我与伦敦西区剧院签了一份长期合同。一份定期薪水意味着我可以设定一些长期目标。我给自己定了一个目标——每周存一小部分钱，我从这个目标中找到了乐趣。看着存款余额每周慢慢增加，这太让人开心了。设定可实现的目标是可以带来积极的变化并提升生活质量，这是我早年学到的一课。

你可能在努力寻找真正会让你充满热情的事。对人们来说，失去希望和梦想并不罕见，这可能有无数种理由，因为愤世嫉俗或者长期的努力挣扎耗尽了所有精力，只剩下生存的欲望。

无论因为什么，很多人都坦白，他们不知道自己对什么事有热忱。如果你就是这样，那么你的第一个目标就是找到那件让你有热情的事。带着希望和好奇心积极地去搜寻，直到找到那件你深切关心的事情。这不会花太长时间。

我（贝丝·伍德）有一个朋友，在结束了一段很长的恋情后，开始寻找她的"魔力"（热情）。她开始上夜校的表演、萨尔萨舞和量子力学的课程；开始在当地的临终安养院做志愿者。几乎每个人都认为她在寻找新的伴侣，但她说她在寻觅她的激情。非常令人惊讶的是，她两个都找到了。她与旧爱重逢，旧爱现在也是新欢，他支持她修完宇宙学课程。

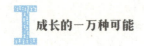
设定目标

为了让你集中于当下，处于最佳的设定目标的状态，我们会做一个基于深度思考的快速练习。

练习 5.1：事件的实质

请舒适地坐在椅子上，双手置于双膝或大腿上，双脚平放在地板上。感受身体与椅子、地板或者你穿的衣服相接触的感觉。深呼吸两次，集中于自己，然后闭上双眼。

将你的意识从呼吸转移到心脏。感受心脏的位置，体会它与呼吸以及其他身体部位的联系。以让你感到舒适的任何方式来想象你的心脏的样子，它可以是一个运转的器官或者迪士尼红丝绒蛋糕形状。

在你集中于想象心脏的样子的同时，做 4 组呼吸，同时让脑海中产生的那些想法都慢慢消散。

最后，拍拍手，释放能量。

"目标有价值，人生才会有价值。"思考一下，对你来说，有价值意味着什么。在你的笔记本上写下意义和首要目标。为了能清晰地聚焦到目标上，你需要运用你的想象力。

练习 5.2：意义和首要目标

请舒适地坐在椅子上，双手置于双膝或大腿上，双脚平放在地板上。感受身体与椅子、地板或者你穿的衣服相接触的感觉。深呼吸两次，集中于自己，然后闭上双眼。

专注于思考赋予你生命意义的事情，它可能是你在第一章确定的，但此时改变了也可以。

现在想象一个世界，在这个世界里这种意义无处不在，非常流行。在 3 分钟的时间里强化这个世界的形象，使它更明朗化，直到它以更具体的方式与你的意义有关。例如，如果你的意义是与哲学有关，那么你想象的"世界"是一个每个人都有相同的道德或界限的地方吗？他们的道德标准具体是什么？如果你的意义是你的家庭，那么你想象的"世界"里每个家庭成员都很快乐，并且在各自的追求上都很成功吗？或者他们之间都是亲密的实用关系和情感关系，并且有着共同的目标和相互依存的成就吗？

在 3 分钟的尾声，写下你的想象中让你感觉最兴奋或者最满足或者最舒适的内容。如果脑海中浮现了一些让你非常讨厌的事，也完全不用担心，只要不关注它们就行。记住，你不必相信你所想的所有事，或者按照它们的要求来行动。

看一看你写了些什么。感觉写得对不对？如果不对，再做一次这个练习。

你写的是首要目标还是意义？如果是后者，请花一点时间思考如何将其转化成一个可实现的目标。你可以做些什么让这个世界更靠近你的想象？

所有的目标都应是可实现的。它们可以是非常艰难的挑战，但它们一定是你可以做到的事。比起很多做不到的事，专注于那些能做到的具体事情，是非常重要的。

写下主要目标。再一次静静地坐着思考，调整目标，直到感觉没有问题了。当你对笔记上的内容满意时，就继续进入下一个练习，着眼于具体的目标。

具体的目标

很多具体的目标看起来很平凡，只不过与日常生活相关而已。对你来说，它们可能不属于你的梦想，也不属于想要成为的你应该做的事情。例如，这些目标可能是：

1. 我想按时上班；

2. 我想停止对6岁的孩子大吼大叫；

3. 我想戒烟。

但是如果小目标实现了，生活也可能会彻底地改变。早上，在让你没有压力的办公室，开始工作之前有时间喝一杯茶；和谐的家庭环境，开心的 6 岁小孩；散步时不用上气不接下气，戒烟省下来的钱足够一年旅行两次。

我们建议选择不超过 3 个具体的目标，这样精力和专注力不会分散。如果这 3 个目标顺利实现，可以添加更多。再次强调，如果这些目标与你在第三章写的"愿望"密切相关，那非常好，如果不是，也没关系。

拿破仑·希尔（Napoleon Hill）在他的著作《思考致富》（*Think and Grow Rich*）中说："要将主要目标当作一条船。"面对每个目标时，你都要问你自己："它会帮助这条船走得更快吗？"

> ### 练习 5.3：具体的目标
>
> 在笔记本上写下 3 个具体的目标。
>
> 确保这些目标是"具体的"（Specific）、"可衡量的"（Measurable）、"可实现的"（Attainable）、"现实的"（Realistic）、"有时限的"（Time bound），即是"SMART"的。
>
> （这些目标应当彼此配合，帮助你朝着你的目标前进。）

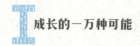

协调目标和信念

是时候考虑你的信念能否帮助你实现目标了。例如，作为记者的你，基于倡导绿色出行问题的主要目标，也许你已经决定每周写一篇文章发表在各种报纸、杂志和类似的媒介上。那么你对你的稿件的质量和说服力有强大的信念吗？如果你的5个信念里没有一个与你的目标有关，就要寻找那些与目标有关的信念了。

同时，考虑一下是否有未被发现的无用信念，当你努力朝着目标前进的时候，它们可能会让你自我破坏。

例如，你给自己定下参加下一届马拉松的目标，但是你同时还在照顾年迈的父母，并且你的信念是自己比护理人员更能让父母快乐和舒适，你就不可能有时间训练了。在这种情况下，你可以重新调整信念，将其变为："我更倾向于我来帮助母亲做睡前准备，但是护工可以两周来一次，我也有时间去训练，我愿意接受这个折中的办法。"

我们的信念经常与我们最热切想要实现的事相左，如果你要释放你所拥有的巨大潜力，你必须识别出这些信念，挑战并改变它们，这非常重要。当你对自己的意义、目标和信念非常有信心的时候，你对你的生活就有更大的掌控力。就像一艘知道驶向何方的船，你就是命运的舵手和灵魂，你的生命之船正在正确航行。

稳健的小小步伐

有时候，一个需要耗费未来漫长时间的宏大目标，可能会让你难以维系你的专注力和投入度。你会在一天结束时觉得，好像什么事情都没有完成，因为不管你多踏实和努力，都只在通往目标的旅途上挪动了一小步。

避免这种事发生的最简单的方法是把目标划分成更小的目标，比如说每个目标分成 4 到 6 个，这样的话，就可以在一段时间后点击"成功"按钮。花几分钟时间回顾你的笔记，分解那些你觉得能带来成就感的目标。

航向修正

将目标分解成小步骤的另一个好处是如果偏离了目标，你很快就能修正航向。几乎没有人能够毫不间断、毫无偏差、一路平坦地获得成就。如果意识到已经偏离了目标，应采取必要的措施尽快回到正轨。

为了能修正航向，你不得不思考是什么导致航线偏离，自我评估是重要且必要的工具。但是，当负性自动思维在过去噪声和消极自我暗示中攻击你且使你停滞不前时，不要利用自我评估作为借口；相反，要实事求是——这已经发生了。

"我做了这件事，这就是它产生的结果。"不要责备自己或他人，也不要让之前犯过的相似或者不相似的错误从脑海中喷涌而出。成功的人总是自我反思和评估，从错误中吸取教训，但是不会停留在过去的错误中。多想想成功，而不是所谓的"失败"。很多极其成功的人，无论男女，都曾经有过"失败"的经历，这些"失败"给了他们机会去学习那些未来成就他们的技能。

如果你对自己说"这是一个新的事业或技能，我的目标是尝试3次来实现它"，那么你就不会把第2次尝试当作失败，而是当作过程中的一部分。

识别阻碍

当你将目标、信念和意义组合起来时，你会发现你可以有效地利用这个结合体提前识别阻碍和可能产生的麻烦。你正在无限的潜力之海上扬帆远航，途中的礁石可能是极端问题、负性自动思维或者无益信念。

我们不得不接受途中会有停止的时候。无论是什么原因，如果你偏离了航线，只要重新回正就可以。我们很容易屈服于孤注一掷的想法——"我已经作弊了，现在一切都毁了。"最好的计划也可能被不可预见的情况打乱，但是提前识别阻碍并接受它们会让你始终有掌控感。你可以选择如何做出最好的回应，不再逃避问题，因为那是负性自动思维滋生的温床。

如果你的阻碍是你的目标没有你想的那么强大，那么你可以改变目标。改变目标是没问题的，但是不能放弃或者忽视目标。

太多人几乎忘记了他们的梦想，但是这些其实是幸福的重要组成部分，如果我们把它们当作阁楼里的纪念品抛在脑后，那么我们的积极性会大大减弱。

可视化练习

基于目标的可视化练习运用于体育行业已经有 20 多年了。早在 20 世纪 70 年代，高尔夫球手就开始大规模进行可视化练习了。

核磁共振成像谱仪的出现意味着我们知道，当一名运动员想象跑步时，他们大脑中相关的部分就会像真的在跑步一样活跃起来，同时，肌肉群也会活跃起来。大脑并不能区分现实和想象。

此外，很多体育教练也认为，心理训练对于延长运动员（无论男女）的职业生涯来说是非常关键的。由于伤病而无法训练的时候，运动员可以进行心理训练，这样可以更快回归赛场，对于受伤的肌肉和骨头也有更好的保护。

这意味着想象和创意不仅可以用来集中精力，也是帮助自己提高能力的关键。

练习 5.4：可视化练习

在做一个与具体目标相关的可视化练习之前，我们先做一个实习性质的可视化练习。研究表明，你想象的图景越清晰，这个练习就越高效。以 3 个可以详细描述的关键时刻作为开始，然后回过头将 3 个时刻结合起来，创建一个"经历"。

我们就以比较容易划分成 3 个关键时刻的事为例——赛跑。你是一名正在以最佳状态进行比赛的百米短跑运动员。

开始之前，深呼吸两次，闭上眼睛。我们将会花 1 分钟的时间来分别讲这 3 个时刻：

1. 比赛开始：发令枪响之时；

2. 比赛中途：你开始领先之时；

3. 比赛结束：冲破终点线之时。

分别花 1 分钟的时间尽可能地为每个时刻创造更多的细节：

时刻 1：你站在起跑线上。发令枪刚刚响，你看到、闻到、听到和感觉到了什么？具体一点：如果跑道是什么颜色的？你听到的发令枪的回声持续了多久？其他赛跑运动员是谁？

时刻 2：赛程过半，你刚刚领先。你身体的每个部分有何感觉？人们在欢呼吗？体育馆坐满了吗？

时刻 3：你赢得了比赛。你领先其他对手多长时间？最强大的对手是谁？人们有没有沸腾起来？你是筋疲力尽了还是还能再跑一次？

现在保持这 3 个时刻的细节的丰富度，像电影一样在脑海中播放一遍。

练习 5.5：将你的具体目标可视化

现在我们将基于一个具体目标来练习。选好一个目标，思考实现这个目标的过程中的 3 个关键时刻。

例如，我们培训过的一位年轻女士考试时总是精神崩溃。

几个月以来，她设想时刻 1——走进考场坐下来，时刻 2——打开试卷，时刻 3——阅读问题并且解答。最终，她以优异的成绩通过了期末考试。因为她在想象考试时，她的大脑总是暗示她能成功，这是一条已经建好的神经通道，一条阻力最小的路径。

确认你的 3 个时刻，分别花 1 分钟来填充尽可能多细节，就像你在赛跑中所做的那样。

现在将这些时刻组成一部电影，关注细节，注意所有的身体感受。

　　你的电影可能持续 1 到 2 分钟。时间越长，最终事情产生大脑所期待的结果的速度越快。试着将它安插到大脑空白的时刻或者容易陷入负性自动思维的旋涡的时刻，比如在公交车站等车、走到车站，或者其他任何你可以充分利用时间的场合。

　　这不仅会改变大脑，让它期待并适应你的成功，也能让你变得心情很好。想象一下，如果运动员每天至少赢得一场比赛（即使在想象中），他会有多开心！

当你容易陷入负性自动思维时

　　并不是所有的目标都有一个确定的结束时间，有能在那一天大家一起鼓掌"目标已经完成了，并且完成得很好"的日期。例如，你的主要目标可能是成为一个有同情心的人，这种目标是持续性的。

　　相反，你要意识到，在一个大目标实现之后，你会非常脆弱。在某一段时间，可能是很长一段时间内，你一直在追求有价值的事。无论你有多为自己感到高兴，目标实现之后你都有可能觉得它"消失"了。许多表演者在最后一场演出或一场长期演出结束后都会经历最黑暗的时刻；很多人渴望退休，结果真的退休后，他们发现他们很快就陷入了一种没有目标的空虚生活。

如果一个重要的目标马上要实现了，确保你还有另一个目标，并且确保你至少有一个月的时间每天庆祝你的成就。很多成就一旦实现，就被遗忘了。

最后要记住，和他人拥有共同目标是会让人精力充沛的、充满动力的。从要想获得社区杯冠军的业余足球队到把一个人送上月球，都是非常重要的共同目标。但是你必须因为热情而积极参与、全心投入，而不是因为一纸合同或者不情愿的许诺。帮助其他人实现目标也是一件令人兴奋的事。为什么教育和医疗行业是无论多艰难，从业者都会全身心投入的行业？因为帮助他人发挥他们的潜力是幸福且是值得的经历。

 疑难解答

1. 我真的能成为我想成为的任何样子吗？

简单的回答是不一定。正如我们之前所说，选择可实现的目标很重要，这个目标可以消耗所有的精力和投入，但它一定要是有可能实现的。

例如，我们不得不接受我们无法改变过去，只能向前看的事实。当我们设定目标时，有时会重新审视过去，但

是我们必须让它过去，接受现在的处境和起点，然后继续前行。

当你花很多时间在目标上，目标才有可能实现。很多交际舞表演者或滑冰运动员每次表演都会有很大进步，这是因为他们每天都会长时间地练习。

最后要记住的是，要成为最好的自己，不是说成为世界上最好的舞者，而是成为你能成为的最好的舞者。

2. 如果责任阻碍我实现目标呢？

人们常常会感到愤恨，因为他们觉得责任感使他们无法做自己想做的事，无法实现自己的目标。他们已经固执地认为情况超出了他们的控制，超出了他们改变现状的范围，例如，兄弟姐妹中只有你照顾年迈的父母，或者只有你有一个患有情感障碍或行为障碍的孩子。

那么永远把目标与意义联系起来。如果你的目标之一是给你的母亲最好的生活质量，或者为你的孩子提供最好的机会去获得稳定而成功的未来，那么请记住这个目标，时刻提醒自己已经选择了这条路。这不会让日常工作变得容易，但是会阻止怨恨的产生。如果你发现它没有这样的作用，怨恨依然存在，那么也许你应该重新设置主要目标了。如果让你感到压力的任务与你的主要目标或意义没有联系，那么就想办法不再完成这项任务。

从错失的机会中学习，但不要沉溺其中。记住，你所做的一切都不是徒劳的。你所有的经历使你成为现在的自己。有时我们不得不承认，我们走了一条不是我们能够选择的最好的道路，或者我们错过了另一条更好的道路。

结语

现在你已经准备好去实现这些目标了，记住一定要确保它们是可以实现的。当我们尝试去做不可能的事时，我们会变得紧张和焦虑。

我（贝丝·伍德）曾经每天在一张单子上写很多事来填满一个星期的时间，然后在没有完成任务后深深自责，即使我已经完成了非常多任务。本书会"给"你大量的额外时间，因为你将不再花费生命中的大部分时间与负性自动思维作斗争，不再跟随大脑陷入奇怪的困境。

事情的一万种结果

· 如何重新构建你的想法，以充
  分利用结果和机会

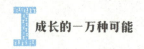

什么是思维错误

思维错误（也叫认知扭曲或认知偏差）是一种强烈的习惯性思维模式，你会觉得它们是正确且正常的，但实际上它是逻辑错误的。

这些思维非常重要，因为它们可以决定我们如何看待自己以及这个世界。即使我们已经朝着目标努力，思维错误也可能使我们失败，而且我们可能完全没有意识到它们。思维错误通常会使我们"告诉"自己"我不够好"，这会造成不必要的痛苦，但它是可以被改变的。

在本章中，我们将详述最常见的思维错误。

首先，我们将思考不合逻辑的偏见是如何在思维中产生的以及我们如何能够意识到它们。

正如我们之前所说，大脑会基于过去的想法和经验，建立我们对于世界的看法。尽管大脑会收集正面和负面两种情况的信息，但是负性自动思维出现的方式使得负面偏见更为常见。因为我们的情绪往往在消极的情况下更为强烈，这些对世界的消极偏见本质上是无法被证明其正确性的，它们在危急时刻变得更为强烈，并促使我们患上急性焦虑和抑郁。

思维错误往往是负面情绪自动循环的开始。思想导致情感，情感导致生理症状，生理症状导致行为，行为导致思想，又回到循环的原点。

例如，思想是"在新的部门里，没有人喜欢我"。情感是"我一直都觉得局促不安"。生理症状是"我开始大量出汗和脸红"。行为是"我尽量远离他们"。思想是"我出了点问题，我原来部门的人也不喜欢我"。情感是"我觉得非常焦虑和不开心"。生理症状是"我的心跳得好快，我觉得眩晕"。行为是"我在我的办公桌上吃午餐，避免和同事的接触"。思想是"我明天还是请假好了"。

我们的大脑被设计成选择它认为我们需要的信息，它会根据已存储的信息和相关情感反应来选择。换句话说，我们的大脑会采用一些它认为有用的捷径，但这样做会让我们犯错。

绝大多数偏见是无意识的。我们可能会对许多问题产生偏见，并且甚至不知道自己对这些问题是有偏见的。事实上，关于偏见最危险的事情就是我们缺乏意识。

"我就是知道"心态

问题的核心在于你相信你"知道一些事情"，这对探索世界的基本方式来说十分重要。我们只是常常忽略我们不知道的信息，如果我们看到这些信息，我们可能不会认为自己知道一些事情。

许多科学家认为，这在信息时代是一个更大的问题。虽然科学是一座证据金字塔，可以通过强有力的证据来检验、证明和测试某件事是否属实，但我们越来越依赖互联网和社交媒体。在许多情况下，互联网上一个人发表了某个观点，但我们已经开始相信他说的就是事实，传得多了就是有了数据。

我们内在的偏见来源于我们的经历。我们会选择性地使用那些支持我们观点的信息，并且选择性地忽略那些反对我们观点的信息。

它让我们产生了一个极其强大的信念——"我就是知道"，并且我们会将大量的情感投入其中。当然，我们还会试图将我们的观点传播出去，因为我们确信这是正确的。

我们应认识到自己的偏见，并努力跨越它们。

正如我们之前所说，所有偏见背后都是一条心理捷径。可得性偏差（启发式偏差的一种，指人们往往根据认知上的易得性来判断事件的可能性）依赖于快速想到的信息。如果做决定的时候，有许多相关的事件或情况突然出现在你的脑海中，你就会更加相信这些信息。如果某件事在新闻中或在社交媒体上反复出现，就会引起人们的高度关注。例如，大多数人认为当警察比当伐木工人危险得多，而事实恰恰相反；可得性偏差会让我们对于每年被奶牛杀死的人比被恐怖分子杀死的人多这件事感到惊讶。

流行偏见是一种群体思维，它基于一种规则，即行为和信念就像潮流一样在人们之间传播。当越来越多的人开始相信某些事情时，其他人也开始相信，即使缺乏潜在的证据，甚至会面对强烈的反驳。

我们不分析信息，而只是参与其中。

我们如何改变非理性思维

正如我们所看到的，非理性思维会导致情绪状态出现问题，当我们有压力时，我们的思维会变得戏剧性且极端。这种戏剧性和极端的思维会让人痛苦不安，继而产生更多的压力和非理性想法。愤怒管理严重依赖于重塑非理性思维，当你下一次感到压力时，花点时间找出所有戏剧性且极端的想法。

那么，我们如何才能真正且长久地改变大脑产生的非理性思维呢？它们通常在最不方便的时候产生。

1.简单的意识，意识到有些想法是不符合逻辑、没有用，甚至不真实的。

2.贴标签，列出所有常见的思维错误或者仅仅是在脑海中列举，这样我们会开始意识到它们。将它们与我们可能持有的无用信念联系起来。

3.监控，在你的笔记本上记下它们什么时候出现的以及多久出现一次。确保你知道在什么情况下你的 3 个最常见的思维错误会出现。

一旦你做完了这些，这些错误思维就可以被重塑。

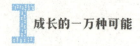

最常见的思维错误

以下思维错误之间有许多联系和重叠，如果你习惯性地使用一个思维错误，那么你可以在那些你认为与之有关的思维错误上测试自己。

一、非此即彼思维

如果你陷入了非此即彼思维，就会觉得任何事情都没有中间地带，你可能经常使用"一直""绝不""永远"这样的词。如果思维与自我价值感——"我完全是一个失败者"——有关，请特别注意。

比如，因为休了一天假，你就认为自己是一个糟糕的员工。这与两极分化或黑白思维有关，你看待一切事物都会以成功或失败的角度来看。道德问题是非黑即白，灰色阴影不存在。非此即彼思维与完美主义也有联系，这个我们稍后再探讨。

二、以偏概全思维

以偏概全的人会以一个孤立的案例或单一的事件作为证据，来得出一个普遍结论。常见例子有："所有的男人/女人都是一样的。""我们总是在战斗。"

一次不成功的面试或恋爱就认为"我永远找不到工作"或者"我永远找不到伴侣"。

三、心理过滤思维

拥有心理过滤思维的人会在任何情况下都放大消极面，过滤积极面，这被称为放大偏差或双眼戏法。例如，我们做了一场演讲，95% 的观众喜欢，但 5% 的观众不喜欢，也许我们会陷入少数不喜欢的人的批评中。

四、妄下结论思维

妄下结论思维就是指在很少或没有数据证明的情况下判断结果。拥有这种思维的人通常会假设最坏的结果，并且这种结果具有最强大的负面影响。妄下结论思维常常"告诉"我们，"我们并没有那么强大"。例如，伴侣回家晚了，我们会得出结论，他／她有外遇；当我们走进一个房间时，房间里突然变安静了（或似乎变安静了），我们会认为每个人都在谈论自己。

妄下结论思维主要是由揣摩心思和"算命"组成。揣摩心思——"他今天早上没说早安，所以他一定是生我的气了"；算命——"我的驾照考试一定会再失败的"。

我们相信我们的预测是已经确定的事实。在这种情况下，记录真正知道的信息很有用，这需要你多尝试几次来消除所有的消极猜测。我们可以放大积极的一面，或者减弱消极的一面。

有时候，妄下结论思维来源于一种信念，即"我们不值得拥有美好的东西"，例如，如果有人对我们好，我们会假设他有隐藏的计划。

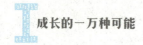

五、"应该"思维

当我们学习 ABC 模型时，我们探讨的刻板要求与"应该"句式相关联。

拥有这种思维的人认为，他人"应该"相信我们的个人原则，例如，"应该"感激，"必须"说谢谢，"应该"举止得体。

这些原则可能是父母强加给我们的，但并不适合我们，这会导致巨大的压力和愧疚感，比如"我必须上大学""我应该做一个更好的女儿""我必须更好地处理家庭事务，同时完成要求很高的工作"。

但这种思维也是激励自己的一种方式，比如，"我必须在晚上8点之前完成这篇文章"。

六、贴标签／乱贴标签思维

贴标签／乱贴标签思维是一种极端的非此即彼思维或者以偏概全思维。标签是非常有偏见的、情感丰富的语言，这通常会导致强烈的消极情绪。比如，"我是个失败者"而不是"我犯了错误"，或者"他是个失败者"而不是"他本可以表现得更好"。

从我们给自己或他人贴上标签的那一刻，我们越来越相信这是正确的。例如，我们越是把一个与我们有分歧的同事说成一个十足的白痴，我们就越相信这个说法。

七、情绪推理思维

情绪推理思维是最强大的思维错误之一。几乎所有人都相信，如果我们对某件事有强烈的感觉，那一定是真的。

我们本能地觉得强烈的情绪反应"证明"我们所持有这种观点是正确的。比如，"我感觉它"会被自然地翻译成"我知道它"。这是我们最难意识到的思维错误之一。情感推理思维会导致"预言成真"，比如，"我觉得自己很蠢，所以我一定很蠢"，这会导致我们真的表现得很愚蠢。

八、罪责归己思维

罪责归己思维是指我们将某个外部事件（通常是负面事件）的起因归结为自己的错误。这种思维使我们常常把自己无法控制的事情归咎于自己，因此这种思维被称为"愧疚之母"。这会使我们经常后悔以及产生很多"如果我没有……就好了"的想法，而事实上，我们的行为对结果的影响非常小或者根本没有。罪责归己思维会导致羞耻情绪。这种思维也常常与自恋有关，因为那些陷入这种思维错误的人认为自己处于宇宙的中心。

当然，造成不快乐的主要原因是把那些根本不是针对个人的事情罪责归己。罪责归己常常与责备联系在一起，不管是责备自己还是责备他人。在一周左右的时间里，试着意识到你对生活中发生的哪些事情真正负责。打破罪责归己的循环，千万不要让自己将超过25%的"过失"或"起因"归咎于任何人或事件。

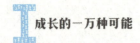

成长的一万种可能

九、往坏处想思维

这可能是最常见的思维错误。我们几乎都有一种思维倾向，认为结果比实际上要更糟。如果我们能摆脱这种想法，那么事情也许会进展得更顺利一些。

解决往坏处想思维的本质方法就是问自己，"这实际上到底有多糟糕"。在培训中，我们以安迪·巴克帮助公司处理大规模裁员为例，如果有 100 人要被裁掉，他们会有不同的反应，将被裁员工的反应等级定为 1～10，其中"1"表示一点都不可怕，"10"表示这是最糟糕的，被裁员工的反应会从乐于接受裁员到害怕自己无法养活家人。

在英国普通中等教育证书（GCSE）和英国普通教育高级证书（A-level）考试之前，我们问学生如何评价即将到来的考试，大多数人会说"非常糟糕"，等级为 9 或 10；如果让他们想象生活在战区，生活受到持续的威胁，可能没有房子住或者没有足够的食物，如何评价这种生活，大多数人的反应等级是 10；然后我们要求他们重新评价考试，大多数人的反应等级会变为 2 或者 3。这与看待事情的视角有关。

练习 6.1：往坏处想

开始之前，让我们举个例子。假设你支持的足球队被降级了，给出一个等级 1 的反应——"好吧，我想这肯定会发生，他们在英超已经有 10 年了"；现在给一个等级 10 的反应——"不！我真不敢相信，这都是经理的错，他应该被开除"。

写 10 张卡片，每张有一个问题或其中可能有两到三张与你当前的情况直接相关；再写一组数字为 1 ～ 10 的卡片，然后洗牌，把它们码成两堆。

首先，翻开一张写着问题的卡片，再翻开一张数字卡片，尽量根据数字给出适当的反应。

这是一个很好的练习，它可以帮助我们认识到，我们生活中的许多问题并没有我们当即想到的那么严重。它有助于我们意识到，我们每时每刻都在选择如何应对问题。

把这个练习融入你的日常生活。当咖啡机坏了或者刚好赶上红灯的时候，给自己一点时间问问自己："这实际有多糟糕？"

练习 6.2：思维错误

（本练习可针对任何思维错误。）

1.清晰地写出一个你正在处理的思维错误。例如，"如果没有我的电话，任何人都无法联系到我，我会发疯的"。

陈述：＿＿＿＿＿＿＿＿＿＿＿＿＿＿＿

2. 用一个涉及同一主题但涵盖中间立场的陈述来代替上一个陈述，换句话说，以一种不那么极端的方式陈述相同的"事实""信念"或"观点"。

陈述：_____

3. 用与"事实""信念"或"观点"背道而驰的陈述来代替上一个陈述，换句话说，陈述对立面。

陈述：_____

4. 想象一下第三方会对这个观点说些什么或做些什么，挑选一个人，写下他们会说什么或做什么。

陈述：_____

5. 如果这个思维错误是你现在坚持或过去一直坚持的，请找出支持它的信念。

信念：_____

记录下这个信念是当前的还是已经被质疑／改变的。

备注：_____

（创造性反应1）

6. 写一个6行的剧本，剧本要展现这个思维所产生的负面结果，限制在2个词之内，每个词拓展3个短句。

（创造性反应2）

7. 写一个6行的脚本，展现出那些与这个思维错误相悖的思维所产生的积极结果，同样限制在2个词语内，每个词语只拓展3个短句。

十、拖延思维

拖延被称为"时间的窃贼"。

拖延是让人烦恼的选择性的时间浪费（比如在继续某件事之前喝杯咖啡），也是严重的问题，它会使我们不快乐、失去机会，以及过得很差。

我们通常会忙于那些我们喜欢的事，而回避紧迫但不喜欢做的杂事。"我太忙了，没时间完成这项工作！"这叫作"选择性优先"。

我们拖延的原因可能复杂多样，比如完美主义，或者对舒适的需求。拖延的人会说，"我必须心情好才有动力""明天我准备得更好的时候我会做这件事的"。

练习 6.3：给拖延者

列出 3 个你一直拖延的任务。

想象一下你完成任务后的样子。

拖延者在想象未来的自己时，常常觉得那个人像是陌生人，这是因为他们知道如果不付出努力去改变，他们就不会成为想象中的那个人。

当你想象未来的自己时，多建立一些可识别的特征，不断练习，直到对未来的自己感觉自在为止。记住，未来的你一直都是你，你只是在释放潜能。

十一、完美主义思维

正如我们所看到的，完美主义者经常是慢性拖延者，因为他们把完成任务推迟到各种条件都非常完美的时候，当然，条件从来没有完美过。完美是不可能实现的。

许多完美主义者也把这一点作为荣誉的徽章，"哦，但我是一个完美主义者"。完美主义思维事实上是一个危险的理想，是一种惩罚自我的生活方式，而且我们很难与之和平相处。大多数完美主义者认为自己总是失败。

当我们寻找自己的榜样或者学习新东西时，我们会效仿那些做得最好的人，但是我们只看到这些人的成功，却看不到他们的早期的失败、恐惧和绝望，因此低估了成为他们的难度。虽然瞄准高目标是好的，但我们必须正确看待这件事情的难度，并给自己时间去达成。否则，我们将因为不可避免的失败而折磨自己。我们应该容许自己平庸，甚至是有不足。

当然，尽管许多新学习的任务、项目和事业都极其困难和复杂，但当你把非理性思维转变为理性思维时，目标会更容易实现。

？ 疑难解答

1.从一个拖延者转变为非常高效率以至于过度奋发的人，会不会有危险？

答案是否定的，如果你不想这样的话就不会。我（安迪·巴克）曾经和一位非常高产的著名演员和作家合作过。他一丝不苟地计划自己的生活，白天高效写作，晚上轻松地在剧院演出，演出以外的时间他都在剧院做研究和阅读。他是一个不可思议的人，天资聪颖，动力十足。他选择了这种生活方式，并且非常快乐、平衡和满足。如果对工作的狂热使你很焦虑，那么它可能是危险的。平衡是关键。你能完全停止拖延吗？可能不会。你能减少生活中的拖延吗？当然可以。平衡感很重要，快乐是最终的目标。

2.但是如果我放弃做完美主义者，那我就只能勉强接受成为第二好的了吗？

让自己远离完美主义的毁灭之路绝不意味着勉强接受成为"第二"。这是很多人担心的事，尤其是被寄予厚望的人。目标必须是可以实现的，但完美主义不是。你可以努力追求卓越，但是要求自己或他人必须完美，是在置自己和他人于失败和巨大压力之中。还有一种可能，强求完

美不会让你保持动力，反而会适得其反。当你意识到完美

不可实现时，你的兴趣和参与度会开始减弱。

练习 6.4：花几分钟思考这些问题

1. 你最容易受到哪些思维错误的影响？

2. 它 / 它们如何影响你的生活？

3. 你为什么认为它是有害的？

4. 你对自己或他人的看法是否更加极端？

5. 你认为这是为什么？

结语

　　如果你发现你的想法把你带向过去的你，那就给自己 1 分钟的沉思时间，做一个练习，可以是"图像联想呼吸"练习、"现在（NOW）"练习，或者"脑海中的散兵坑"练习。

　　当你意识到思维错误，但它没有让你产生负面情绪或生理反应时，转折点出现了。有时候，发现一种思维错误会让我发笑，我会想："我在思考什么？我的天！"

　　无论发生什么事（会发生的），你都可以往好处想。

Chapter Seven

积极思考

- 如何在尽可能深的层面上保持
  积极，并利用这种积极性释放
  最好的自我

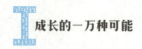

积极与乐观

我们希望每天早晨，或者尽可能多的早晨，起床时能有一种快乐的感觉。但这并不是指我们只关注美好的一面，也不是假装那些不好的东西不存在。积极心理学是一种强大而实用的策略，它能够改变你的思维方式以及对生活中发生的事情的回应。

越来越多的专业人士将良好的心理健康视为我们可以通过学习照顾自己而获得的技能。仍有一些怀疑论者将"积极性"视为一件轻薄的衣服，可以穿，但在第一场风暴中就会荡然无存。不是这样的。

理性思维既能够识别积极的思想，也能够识别消极的思想。积极性可以是理性的，因为乐观可以融入现实的思维中。但是，当事情变得糟糕时，我们的本能是"远离乐观"。

我们认为保持积极最重要的是对自己的能力有信心。当危机或日常生活的麻烦出现时，我们会产生两种建立在"希望"之上的思维，一种是盲目假设"会好起来的"或者"会有人来帮助我的"，很多人从小就有这样的想法，那个帮助他的人就是妈妈或爸爸；另一种思维就是你知道自己能够重新振作起来，你对此有信心，也知道如何做。

如前几章所述，我们可以选择看待世界的方式。既然我们可以选择度过愉快的一天、愉快的一周、愉快的一个月，我们为什么不选择愉快地度过一生呢？当我们心态积极的时候，我们是运动的流体，不受困于事件中；我们是解决方法的一部分，而不是问题的一部分。亚伯拉罕·林肯（Abraham Lincoln）有一句很有见地的话："我们可以抱怨是因为玫瑰丛有刺，或者是因为刺有玫瑰而高兴。"

研究人员还发现积极性是培养毅力的关键性因素，它带来冲破障碍的力量以及寻找选择和机会的勇气。乐观的人似乎总是更有活力，也更有魅力。

如果没有积极的态度，你所做的一切都会让你感觉很艰难，像是在爬上坡路。即使你最终取得了成就，带给你的感觉也只是解脱而不是快乐，我们会说，"感谢，现在我终于可以躺下了"，而不是"耶！"。

乐观情绪也会对他人产生巨大影响，给他人注入动力、安全感和幸福感。积极的老师是世界上最好的老师，此时你肯定能想起一位这样的老师。

练习 7.1：积极的罐子

这是一个可以和家人一起做的练习。找到一个容器并将其命名为"积极罐子"；一天结束后，每个家庭成员都写下当天发生的好事，并把它放进罐子里；周末的时候花10分钟的时间坐在一起，把这些好事读出来。

将积极性与信念和思维错误联系起来

我们如何看待一个问题取决于以下 3 点：

1. 永久性——这个问题有多持久？

2. 广泛性——它有多普遍？它会在多大程度上影响生活中的所有事情？

3. 罪责归己——这是你的错吗？

如果汽车出了故障，我们的想法是积极的，我们就会知道故障不是永久性的，对我们生活的其他方面的影响非常有限，这不是我们的错。第一反应是非常重要的，如果你认为某个问题是永久性的，那么它当然需要被关注，同时我们会觉得采取行动来改变它没有任何意义。这是普遍存在的负向归因的现象。负性自动思维很容易将特殊情况延展到你的全部生活中。

当然，悲观主义者会选择性思考，他们总是低估积极因素的作用。事实上，我们大多数人都落入了这个陷阱，我们从小就学习要谦虚甚至是谦卑，认为具备这种品质才能被喜欢。这是很多成功与我们擦肩而过的原因之一。我们不会展示自己的成就，即使是对我们自己。但是，我们应该站在屋顶上高声歌唱，即使只是在心里想想。

接受、承认和感激

积极性是深度思考的根源和目的。深度思考的 3 个原则是接受、承认和感激（如图 7.1）。

图 7.1　深度思考的原则

接受是任何改变计划的基础。除非我们接受目前的情况，否则我们不知道采取何种适当的行动才能使情况有所改善。接受，听起来很容易，但实际上很难。这里的接受指的是主动认可而不是被动顺从。请你想想生活中发生的负面事情，并评判这些事情你是否已经真诚地接受了。如果想起来仍让你觉得不舒服，开始感到紧张，那么你可能没有接受。

这种紧张可能会产生严重的后果。在极端情况下，它会导致精神病和创伤后应激障碍。有时，如果你不能接受，这些负面事情会一直让你觉得自己一直在试图把一个方形的钉子推进一个圆孔。

我们可以允许自己感受负面情绪，比如 20 或 30 分钟，但不要让自己被悲伤或痛苦带到负向归因的旋涡中。事实上，有时候痛苦本身在我们摸索着治愈的过程中就被遗忘了。接受是长期慢性疼痛患者做出改变的方法。

接受也是 ABC 模型的基本组成部分。当我们将一个刻板要求转变为一个偏好，例如将"我的老板不能对我大喊大叫"改为"我更希望我的老板不要对我大喊大叫"，我们就更能够接受自己不能控制他人的行为的事实。一旦这种接受变得真实且理智，选择就会开始出现。

我们发现使用积极肯定颇为有益，例如大声地说，"我承认，我不能改变自己在压力下容易失控的倾向"，这有助于我们在下次考试时保持冷静，掌控局面。当我们有意识地承认某件事时，我们是在肯定它。当我们努力接受关于自己的负面事情时，接受尤其重要。我们必须承认这一切，无论好坏，拥有它们，然后继续前进。

自我形象与自我价值

我们确确实实被自我形象以及看待自己的方式催眠了，我们会按照它的"指示"来行事，它决定了我们的行为方式和感受方式。没有什么比消极的自我形象更容易阻碍你前进了。即使你认为你的自我形象是相当强大的，内心深处也会存在一些你未意识到的凹痕和擦伤。但是它是可以被改变的。

强大的自我形象与识别积极信念和我们已经讨论过的接受有关，与目标、意义和信念的结合有关。你所选择成为的"你"以及选择的生活必须是真实的，这至关重要。真诚是建立在自我诚实和自我理解的基础上的。

练习 7.2：你如何看待自己？

在你的笔记本上，画一张你自己的自画像，或者贴一张照片。

现在选择 10 件关于自己的事情，无论是琐碎的还是重要的，写在笔记本上（但其实关于你的一切都是重要的）。

例如，你可以写：

1. 我画了画；

2. 我是一个好母亲；

3. 我越来越善于控制自己的脾气，变得更有耐心。

然后，通读一遍，给那些感觉绝对正确、真实的事打钩；对于那些与认知相反的事情，做出改变，直到它们与自己真实的认知相符。

一旦习惯于识别决定你如何看待自己的消极信念，当它们出现时，你会自动地处理它们，你的自我形象将继续变得更强大。

我们所认知的自我形象往往是不准确的，因为我们的大脑中充满了虚假信息。消极的自我形象也可能来自"我们不应该自夸，不应该脱颖而出"的选择性思考。如果我们隐藏成就，不久我们就会忘记它们。我们必须接受，真正地接受，轻视自己不是一种美德，而是一种恶习。

自我价值观

如何建立和塑造自己的形象，在很大程度上取决于重视自己的方式——我们的行为以及我们的"本质"，即取决于我们内心的批评家是如何"工作"的，在生活中发挥积极的还是消极的作用。

下面的练习是由南非心理学家阿诺德·拉扎勒斯（Arnold Allan Lazarus）设计的。它被称为"大我小我"（如图 7.2）。首先画一个大的大写字母"I"（我），里面有足够的书写空间。"大我"，就是我们定义自己的方式，过度夸张的陈述，就是我们内心深处对自己的看法。对很多人来说，在"大我"之外写是自我毁灭的陈述。

图 7.2
"大我小我"

比如，"大我"指的是"我是个恶棍，因为我背叛了我的第一任妻子，抛弃了她"。下一个阶段是在"大我"中填充很多"小我"，每一个"小我"都代表这个人的积极面，无论大小。这些"小我"可能是：

1. 我是我第二任妻子的好丈夫；

2. 我在我深爱的孩子们的生活中扮演着积极的角色；

3. 我努力工作；

4. 我每个月都会资助慈善机构；

5. 我会照顾我的朋友，随时帮助他们；

6. 我保护环境；

7. 我喜欢带着求知欲学习和接触新的领域。

我们看待自己的方式往往来自"大我"，而"大我"基于一件事，这件事可以是大的或小的，深刻的或浅薄的。比如，用存款或汽车来定义自己。

自我价值就是找到证据，即"小我"，来支持作为个体的你。在你的生活、行为和信念中，总会有一些可以弥补"大我"的部分。是的，你做了一些不好的事情，但这些事情没有也不能将你定义为一个易犯错误的人。

练习 7.3：大我，小我

在"大我"旁边写一个重要的定义性陈述，你认为是真实的负面的陈述。对自己尽可能诚实，如果有什么东西隐藏在你的脑后，把它们从你的大脑中驱逐出来。

现在开始用"小我"来填满"大我"，"小我"尽可能多一点。不管它们看起来有多么小，甚至微不足道，它们都造就了一个完整的、有价值的你。"你有一只救援犬""买有机食品""偶尔带邻居去商店""昨天有一位不礼貌的顾客，你服务他时能够保持冷静"……对于那些有孩子或父母的人，写的"小我"也许足够填满这本书了。

这些"小我"就是你。是时候远离那些笼统的说法，更准确地评价自己了。通过认识到你的自我价值并强化你的自我形象，你可以确保进入未来的"你"是能够激励自己的你，也是真诚并致力于改变自己的充满潜力的你。

本书的重点是自我形象和自我价值，而不是自尊。我们倾向于给自尊赋予消极的内涵，这是自我评价与评价他人的相比较的方式。自我价值不需要在任何意义上具有比较性，有很多良好品质和美好愿望可以实现。比如，我是一个好教练并不意味着我认为我比任何人都好。

这种比较的倾向和由此产生的自我贬低已经被社交媒体强化，越来越多的人发现自己不如那些拥有美好生活且每天在媒体上展示自己的"了不起"的人。人们开始着迷于"点赞"。

在建立新的更积极的自我形象时，离开社交媒体一段时间是有帮助的。如果你不能做到这一点，那就找一种方法来保护自己不受到你看待自己的方式所带来的伤害。例如，在社交媒体上分享启迪人生的名人的资讯；给自己一个挑战，给出的点赞数至少是收到的点赞数的两倍，但记得要保持真实性。

这不是要让你内心的批评者沉默。正如我们在前几章中所说的，批评对于接受现状以及在偏离正轨时能及时意识到并迅速地重回正轨的能力至关重要。在第六章中，我们讨论了个人化地看待事物的思维扭曲。当批评来自你自己时，一件事情代表不了你，你可能做过一些愚蠢的事，但那不会让你变蠢，它只是将你造就为人。把玩具柜里的东西倒空或是把弟弟的泰迪玩具踩坏的孩子不是坏孩子，他们不恶毒，只是淘气。

积极肯定

本章之前提到过，最有效的用于建立和强化正面自我形象的工具之一就是积极肯定。前提是要创造一个关于自己的积极陈述——你的新信念体系"我可以"——并大声说出来。

积极肯定是一种温和的自我催眠形式,这可以通过应用与可视化练习相同的核磁共振成像谱仪来证明。充分发挥想象力,效果会最好。不要只是单调地把"我爱蜘蛛"重复30次,却不去想象蜘蛛,试着想象蜘蛛,想象你爱蜘蛛,感受并相信你爱蜘蛛!

很可能在过去的大部分时间里我们都在消极地批评自己,一次又一次。这些批评性陈述从非常严重的"我恨我自己"到不太严重的"我恨我的臀部,我的胃",各有不同,但本人看起来同样严重。它们是你在上一个练习中写下的关于"大我"的陈述,是你还是一个孩子的时候别人曾经对你说过的话,或者是你自己创造的"恶魔"。你每对自己重复一次这些消极批评,它们就在你的内心更加深入。

现在是时候消除负面言论的影响,同时创造积极正面的肯定言论了。首先,要认识到它们,手边放一张纸,随时把它们写下来。当它们出现时,微笑面对,就好像这是荒谬的想法一样;如果做不到,试着分阶段地消除这些陈述的影响。如果你习惯性地认为"我恨我自己",那就把这种想法改为"我不喜欢我自己",然后改为"我没事",接着改为"我喜欢我自己",最终改为"我爱我自己"。当然,当你挑战和改变消极信念时,这些消极信念将变得越来越无力,听起来荒谬可笑。

练习 7.4：积极肯定

写下 3 个你将开始每天对自己重复的积极肯定的话，这些话与你想要成为的样子有关，可以是客观存在的或抽象的，以最适合你的为标准。比如，可能是"我是由星星组成的"或者"我的梦想正在变成现实"，但要保证陈述的积极性。注意，不要再加否定词，比如把"我爱蜘蛛"改为"我不怕蜘蛛"，这样进入你头脑的情绪就会变为恐惧。

在一天中的某个时刻，一遍又一遍地说出每一句积极肯定的话，每句持续 2 分钟。这可以在你等公交车或火车的时候完成，但最好是在某个可以全身心投入到大声说出来的地方完成。试着让你的身体和思想都参与其中。如果你仍然觉得这些话不真实，不要担心，重复的次数越多，就会感觉到越"真实"。

同情和自我同情

与自我形象和自我价值紧密相连的是自我同情。值得注意的是，这三者都不是以自我为中心或自怜自艾。所以，你不必因没有把注意力集中在自己身上而感到内疚，这只是在培养我们唤醒自我意识。这让我们学会"对自己说话"以及认真地记录梦想。

事实上，尽管我们中的许多人对待自己比对待他人更严厉，但很少有人对自己的态度与对待他人的方式完全不同，所以同情和自我同情是紧密联系在一起的。那些认为同情和自我同情不同的人，是那些不幸地患有某种自恋型人格障碍的人，实际上，他们无法描绘出一个不围绕他们转的世界。

练习 7.5：无条件地自我接受

首先，回顾关于"大我"的负面陈述，然后闭上眼睛 2 分钟，想象一下，你最好的朋友来找你，说这句话是在说他，他心烦意乱，意识到如果要继续他的生活，这是他必须解决的问题。

其次，给他写封信，说"我理解你，无论如何我都爱你，我支持你，一切都会好起来的"。

当然，最后一步是仔细阅读这封信，并对它进行必要的修改，使之成为一封给自己的信。把所有的"你"都改成"我"，然后大声读出来。

同情心是同理心的近亲，大多数人对亲近的人有很强的同理心。我们可以接纳我们最亲密的人中的弱势群体——"孩子"，并在身边照顾和支持他们。但是，要接受我们内心的那个脆弱的"孩子"要困难得多。

当我们谈论同情与自我同情时，总会被问到我们是否真的在谈论爱。这是一个很难回答的问题。爱的主要概念是浪漫的，发生在两人之间的，有时很伤感的。但是，爱的种类是无限的。闭上眼睛，想象一下没有爱的世界会是什么样子。我们爱我们的孩子、我们的狗、我们的电视、我们的文化以及我们从公司回家的路上外带的食物！

阅读本书，我们希望你能够围绕喜欢做的事和想成为的人设定目标。在下一部分，当需要思考你所感激的事情时，你会思考你所爱的人和事。所以，同情和自我同情是为了善待自己、善待他人，对大多数人来说，强化同情心和自我同情心需要积极情绪，那就是爱。尽你所能，爱那些对你有利的人和事，而不是对你不利的。

当我们期待吃一块巧克力或喝一杯葡萄酒时，愉悦感主要来自化学物质多巴胺的释放，但我们也很可能能够从同情或自我同情的行为中获得更大的愉悦。

感恩

感恩与我们的好奇心密切相关，简单来说，它阻止我们感到不满意。积极感恩和产生消极想法不可能同时进行。

我（贝丝·伍德）认为感恩是负性自动思维的驱逐剂，当消极想法强制进入我的头脑，并且冥想也无法驱逐它时，我就会想起我所感激的事情，消极想法就会消失。

要感激的事情是无穷无尽的。感谢今天——为拥有今天而感激，像生命的第一天一样去生活，然后再像生命的最后一天一样去生活；感谢我们能够变老，不是每个人都有这个"特权"；感恩大自然，去窗户边看看天空，我们很少看天空。最近的一项研究表明，户外散步，沉浸在大自然中对心理健康的缓解能够持续大约 7 个小时。

练习 7.6：感恩日记

写一张清单列出你感激的事情。

然后，尽快再买一个本子，然后把它作为你的"感恩日记"，每天结束时写 3 件或更多你感激的事情。

练习 7.8：本章回顾

对于这个回顾练习，我们希望你写下你将要做的与本章的各个部分相关的积极事件。确保你在做这件事时，心情是愉快的。请抽出足够的时间做这个练习，坐在窗边，喝杯水或茶，把你关心的人的照片放在旁边。

1.积极与乐观：＿＿＿＿＿＿＿＿＿＿＿＿＿

2.接受：＿＿＿＿＿＿＿＿＿＿＿＿＿＿＿＿

3.积极肯定：＿＿＿＿＿＿＿＿＿＿＿＿＿＿

4.自我形象：＿＿＿＿＿＿＿＿＿＿＿＿＿＿

5.同情：_____

6.自我同情：_____

7.感恩：_____

 疑难解答

1.我能让别人改变他们的自我形象吗？

首先要接受的是，除了自己，我们不能控制任何人，不能让任何人做任何事。

然而，我们确实对他人的思想和情感有着深刻的影响。例如，大多数教书或帮助年轻人的人，在做这些事的时候可能并不是为了改变他人的自我形象，但他们几乎都做到了这一点。我们有很多方法可以帮助他人改变自我形象，比如给予表扬。

如果你想要帮助他人做出改变，你可以成为他的导师，但是请确保你是在辅助他去改变自己，给予改变的力量而不是让他依赖你。如果导师关系结束，依赖性会让他的自我形象"倒退"，变回原来的样子。

2.看到"小我"而不是"大我"是在原谅自己吗？

识别"小我"是在生活中寻找你所拥有的真正的积极

品质、特征以及行动。你不是你所做过的任何行为，也不是支配你生活的任何品质或情感。观察大局，研究"大我"和"小我"，直到它们融合成一个完整的、美妙的、有缺陷的人。

结语

认知自我形象，尽你所能让它变得强大；认知优点，尽你所能积极地改变看待自己的方式。也许自我肯定另一大的作用是更多地欣赏他人，尽你所能给予表扬，也许可以改变一个人的一天，甚至改变他们的生活。而且，你的每一个关于他人的负面想法同时也会伤害你。

试着以积极的同情心去行动和思考。这不是说你要打同情牌，而是让每一句话和每一个行动都表达出你在前进的信心，朝着正确的方向前进，充满感激之情。

活在当下，对自己拨正航向的能力更有信心时，你的生活重点将更多的是旅途而不是目的地。你不仅会走向一个美丽且充满奇迹的地方，而且能够享受沿途的一切。

第 八 章

与自己的身体和谐相处

· 如何利用你的身体来减少压力、
  表现最佳

每个人都是电化学生物，大脑中发生的每一个变化都会进入身体的任何地方，并产生连锁反应。

身心问题

在神经科学产生之前，几个世纪以来一直争论不休的问题是——"我们是一个有思想的身体还是一个有身体的思想？""你身体里有没有非生理部分是可以在身体之外生存的？"

哲学家勒内·笛卡尔（René Descartes）提出了一个著名的论断，认为精神和身体是分开的独立个体，即使所有的身体感官都是虚幻的，我们的思想仍然存在，他说："我思故我在。"

现在，由于神经科学的发展，大多数科学家否定了"分开的独立个体"理论。思维和身体之间有着连续复杂的，有时甚至混乱的关系。值得注意的是，我们经常被视为一种物质，一些心理学家甚至认为，性格会随着外表而改变。大多数时候，性格就是他人对待我们的方式。例如，如果我们看起来好斗或者狡猾，他人可能会真的把我们当作这样的人来对待，那么我们就会渐渐地变成这样的人。当然，如果我们意识到这一点，可以用这本书的方法来解决。

练习8.1：身体意识

做一个有趣且快速的意识练习，选择2个你非常熟悉的人：

1.花5分钟时间看他们的照片，仅从照片上看，你觉得他们具有什么特质？（如果你很了解他们，这是很难的。）在做决定时，先试着了解你的思考过程；

2.想想你认识的其他人对待这两个人的方式，并快速写下来；

3.写下这两个人符合你写的这些特质的程度。

随着时间的推移，我们的性格会逐渐符合他人对我们的看法。

身心合一

从我们出生的那一刻起，我们的身体就与我们大脑深度融合，形成所谓的意识。事实上，我们的心理发展是受我们身体与外界的相互作用影响的，每一个通过视觉、听觉和触觉接收的信息都补充在大脑中。身体和外部感官与主观意识密不可分——它们是我们感知世界和自己的不可分割的一部分。如果我们闭上眼睛，身体的感觉不会消失。

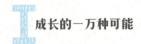

对身体的意识

所以，首先我们要花点时间集中注意力在对身体的感知上，这将能够提高专注力。对一些人来说，当思想和身体更紧密地合作时，会有一种真正的"回家"的感觉，会与将目标、信念和意义整合到一起时所获得的感觉并无二致。

练习 8.2：身体扫描

做这个练习时，最好躺下。

手臂放在身体两侧或轻轻地放在肚子上，让自己感觉舒适，感知身体与床接触的部位，做两次深呼吸，鼻子吸气，嘴巴呼气，然后闭上眼睛。

将注意力集中于因为呼吸而发生变化的身体上，意识随着胸腔起伏而起伏。不要试图以任何方式改变呼吸方式，只需准确地意识到它原本的样子。

再次强调，在练习的过程中，如果其他想法进入你的头脑，感知它们，然后让它们消失，把注意力带回到身体的感觉上，慢慢地穿过身体。你可能会发现这是一个非常放松的练习，但这并不是目的。

把注意力集中在两脚的脚趾上，或集中在你能感觉到的任何感官上。如果你光着脚，当空气接触到你的脚趾时，有什么感觉？有人把注意力集中在脚趾上时，会有一种热的感觉，甚至刺痛感。但是，如果你一点感觉都没有，那也没关系，只需说出真实的感受。

把注意力转移到脚踝以及肌肉和韧带与骨骼的接触处，每只脚的感觉是一样的还是稍有不同？

把注意力集中到小腿肌肉上，再到腿前部，最终到胫骨和膝盖。

注意大腿和腿后部，然后注意臀部和骨盆。此时，在心里记录突然出现的任何情绪或者脑海中浮现的想法，然后再轻轻地将你的注意力拉回来。

把注意力转移到腹部，注意胃是如何与呼吸相连的。

注意胸部，注意胸腔包裹心脏的感觉。

把注意力集中于背部和侧面以及肋骨前部。

注意肩膀和上臂，然后把注意力慢慢地移到每只手臂上，前后移动，直到你的手腕；特别要注意关节，这是身体运动的关键路径。

把注意力集中在手上，让它在拇指和手腕之间的肌肉群上稍做停留。

现在把你的注意力转移到你的脖子前面和后面，然后到下巴。这是一个你可能会感到紧张的地方。

然后让注意力向上进入脸颊、太阳穴、眼睛和前额，最后进入你的后脑。

现在把注意力拉回到呼吸上。花一点时间意识脑海中的任何重要想法，或者可能是任何情绪。

睁开眼睛。

第一次做这个练习的时候，可以慢慢来，一个小时左右。

花点时间在笔记本上记下任何反复出现的想法、意料之外的情绪，或某个让你感到紧张或者抵抗心理的身体部位。

练习 8.3：双脚

把脚平放在地板上，这样能帮助我们获得"脚踏实地"的感觉。

1.站在让你感到舒适的地方，双脚分开与肩同宽。感受能量随着重力从身体落向地面，直到能量集中。花2分钟来体验脚踝和双脚周围的能量涌动，然后再花1分钟专注于每只脚与地板的连接感。想象能量穿过双脚进入地面，镇静下来。

2.找一个宽敞且舒适的地方，光脚行走2分钟。当你行走时，感受每只脚移动时身体重量的不同。

感觉

一般我们常说，我们通过视觉、听觉、嗅觉、触觉和味觉5种不同的方式感知世界。事实上，还有很多种感知方式。神经学家表示，感知方式通常有9~21种，包括对压力、振动、热量和疼痛的感知，也包括平衡感。有些动物拥有人类没有的感觉，能够感知电场和磁场、水压和电流。

我们可以注意这些"感觉"。比如，如果感到压力，那么就注意与不同的人拥抱或握手时的压力大小，或是包带压到肩膀的方式。

应激激素

大脑中发生的"事情"如何作用于身体里发生的"事情"？

最常见的解释是，通过应激激素皮质醇和肾上腺素的作用。当我们处于危险时，皮质醇和肾上腺素都是必要的，但如果皮质醇和肾上腺素导致的战斗或逃跑反应一直开启，那么可能是致命的。

皮质醇和肾上腺素一直发挥作用，免疫系统就不能高效工作了（因为免疫系统会优先考虑对外部威胁的防护），并且自我疗愈的进程也减慢了。这就是为什么我们在考试临近或工作压力非常大时会生病。

心里发慌，实际上是因为血管封闭以便"照顾"重要的器官。在战斗或逃跑状态下，没有任何信息被送入前额叶皮质。这就是为什么我们在考试或演讲中大脑容易一片空白。我们已经从创造性思维转变为了反射行为。

几乎所有的健康问题都会因你的焦虑而加剧。

内脏是第二个大脑

我们肠道的肠神经系统是一个智力中枢，事实上，它通常被称为我们的第二个大脑（如图 8.1），可能与一只狗的大脑拥有相同数量的神经元（约 2 亿个）。第二个大脑不需要"咨询"或与第一个大脑"沟通"就能做出反应。

图 8.1 第二个大脑

以下行为能够证明这一点：

1.肠道反应（本能反应）；

2.肠道本能（直觉）；

3.肠道拉伤的经历（痛苦的经历）。

"大哥"（第一个大脑）和"小弟"（第二个大脑）之间有着密切的相互依赖关系，它们不断地相互传递信息，并对其"合作方式"进行细微的改变和调整。

所以，如果你发现此刻非常想去熟食店，可能是胃刚刚给大脑发送了一个信息，说"它是空的"。这种关系意味着，所有对大脑有益的东西都对你的肠道有益，进而对你的身体健康有益。

疼痛

正如你知道的那样，疼痛既是一种身体体验，也是一种情感体验，同时受到精神和身体的影响。疼痛既是神经损伤或组织损伤，也可能是潜在损伤的警告信号。

大多数情况下，痛苦会受到压力、焦虑和抑郁的影响，也会受到积极的、平静的幸福状态的影响。所以，正面思考能够"控制"疼痛，是一种强有力的、有效的武器。

康复

我们知道，身体在思想和情感的指引下能够自我治疗。科学家发现，并非所有人都能以相同的速度将身体恢复到相同的状态。

越来越多的科学家认识到，医生的作用是促进身体内在的自愈能力。这与本书的目的非常一致，我们希望帮助读者培养恢复能力而不是依赖性。我们是为生存而"设计"的，如果给大脑和身体一个战斗的机会，它们都会朝着这个方向努力。许多非药物治疗都基于这一原则，比如骨病的治疗原理是确保肌肉骨骼系统排列整齐，尽量减少或消除血液和淋巴结的阻塞。

当然，严重的医疗问题确实需要药物或手术干预，但是，很多快速康复者都是乐观积极的人。

体育锻炼

正如我们之前所说，身心健康是相辅相成的。对肌肉有益的东西对大脑也有益。锻炼身体对大脑健康有一系列益处。运动提高了脑细胞的生长和发育能力，并释放出强大的内啡肽，使我们感到幸福，帮助我们调节情绪。相反，缺乏锻炼是公认的导致抑郁和焦虑的因素之一。

最好的锻炼时间是早上，因为早起锻炼会在一整天里提高大脑应对压力的能力。对大多数人来说，在一天开始的时候，意志力也是最强的。不过，最重要的还是选择自己喜欢的锻炼方式和锻炼时间。

好好睡一觉

本书中所有练习都将帮助你睡得更好。失眠认知行为治疗

（CBTI）是解决睡眠问题最有效的方法之一，对大多数人来说，它已经取代药物，成为一种效果更好的治疗方式。

我们总会时不时地睡不好。当我们习惯于认为，因为有压力所以睡不好很正常的时候，问题就来了。随着慢性压力成为常态，我们就会忘记睡个好觉是什么感觉。

我们越担心睡不着觉，睡觉就变得越难，而且半清醒的时候，大脑非常容易被负性自动思维入侵。我们不能掉以轻心。良好的睡眠是精神健康的重要因素，在睡觉的时候，大脑会进行大量的整理、准备和恢复的"工作"。如果睡眠有问题，试着做身体扫描练习，也可以轻轻地拉伸，放松身体的每个部位。如果可能的话，确保能够呼吸足够的新鲜空气，喝足够的水，并且让电子产品远离卧室。

最重要的是，努力摆脱无用信念和思维错误，以消除压力的根源。事实上，即使你很容易睡着，我们也建议你这样做。良好的睡眠不仅指快速入睡，也指享受良好的睡眠。

放松

我们可以利用放松身体来控制情绪。如果肌肉完全放松了，可能就不会感到愤怒、沮丧或恐惧。如果你感觉到某种负面情绪正在接近，而你又无法冷静下来，可以试着用"平静的身体"来获得"平静的头脑"。

放松的好处有很多，从改善情绪、提高动力到改善睡眠、提高注意力和精力，再到改善记忆。放松不一定是什么事都不做，也不一定是坐在电视机前看电视，它可以是做手工、听音乐、散步。放松是不会给你带来压力或者让你可以不用与负性自动思维作战的事情。

事实上，身体会有一种自然的舒适状态，本书就是帮助读者找到这个舒适状态，进而走出困境。当身心呈现出自然的放松状态时，大脑就能够警惕任何可能干扰这种状态的想法。

老化

衰老也涉及感知能力，衰老与你的应对能力能否胜任工作无关，而是与你是否"认为"能力足以胜任有关。

重要的是，不断设定以及重新设定目标，把自己想象成年轻活力、喜欢探索和学习、拥抱变化的人，坚持梦想。

实际上，年龄本身就是一个感知问题。之前，50岁时，我们就会认为自己老了。如果药物能让每个人非常健康地活到200岁，我们很快就会变成在201岁的时候感到衰老。太多外界的干扰影响我们"感知"年龄的方式，对许多人来说，这是消极的、让人意志衰弱的，或者至少是制约性的。

为生活注入新的生命永远不会太迟。

利用身体改善心理健康

思想影响身体，身体影响思想，思想影响情绪，情绪也影响思想。沟通的重要组成部分之一是非语言的，我们通过肢体语言不断"阅读"他人的想法、感受和意图，当然，他们也在对我们做同样的事情。情商高的人通常很擅长"阅读"他人，这叫作动觉。

这主要与意识有关。我们都知道，将胳膊或腿交叉表示抵抗，放松的姿态表示冷漠，没有眼神接触表示说谎，假笑不会使眼睛眯起，但重要的是我们能否注意到。我们如何诠释它们？善于解读肢体语言可以提高沟通效果，改善人际关系，并使我们更轻松地取得进步。

练习 8.4：阅读肢体语言

每天，挑选一个人，最好是一个陌生人，观察他们的肢体语言。比如，公交车或火车上的人，二者是很好的选择。

先看整体，他们是如何站稳的？是开放的还是封闭的姿势？

认真研究细节，注意他们的小动作。

这些肢体语言告诉你关于这个人的什么信息？相信你的直觉。大多数人在阅读肢体语言方面做得比自己想象的要好。

因此，肢体语言极其重要。前文提到过，我们以被对待的方式做出回应；同样，他人对待我们的方式取决于他们对我们肢体语言的感知方式。如果我们驼背且扭着手，他人会认为这是没有安全感和焦虑的表现；如果他人把我们当作一个没有安全感和焦虑的人，那么很快我们就会真的有这种感觉。大多数肢体语言是下意识的。

大脑阅读我们的肢体语言的方式和我们阅读他人的一样，并且会传递出适当的化学物质和情感。

这项突破性的研究是由美国社会心理学家艾米·卡迪（Amy Cuddy）完成的，她和她的搭档美国社会心理学家达娜·卡尼（Dana Carnie）创造了"高能量姿势"这一概念。

高能量姿势

我们可以利用身体让自己感觉更强大，更能成功应对生活中的困难。实际上，我们的身体可以改变我们的思想。正如艾米·卡迪所说的，"假装成功，直到你真的成功"。

练习 8.5：高能量姿势

以一个高能量姿势站立，关键是要开放，比如抬起手臂，像运动员的凯旋姿势那样，或者把手完全张开放在你的臀部上，脚稍微分开。

大约 2 分钟，你的身体会充满肾上腺素和睾酮，你会感觉更强大，也会更加强大地行事。

现在以一个让你失去能量的姿势站立，比如双臂紧抱着自己，双脚并拢，头朝下。

2 分钟之内，你的身体就会充满应激激素皮质醇，你会感到焦虑，无法应对困境。

艾米·卡迪和达娜·卡尼对这两种姿势的受试对象进行工作面试，那些做高能量姿势的人面试表现远远超出了预期。（请注意，这里指的是在面试前做高能量姿势，而不是在面试过程中。）那些做了削弱能量姿势的人则表现很差。

微小的调整足以促成大的改变。把身体当作朋友或盟友，同时深化自己，把"你"看成一个极其复杂的整体的过程，这是很有意义的。

 疑难解答

1. 睡前仪式能帮助我入睡吗？

这取决于仪式是什么。比如，总是把手机放在床上、睡前检查电子邮件是不好的。睡前仪式是为头脑休息做准备，同时也是在建立习惯和神经通道。如果你知道你做完一个特定的动作后能够安睡，那么这个动作将成为一个嵌入的、最常用的路径。

2.我觉得在家里闲晃更让人放松，这样好吗？

是的，当然。有时候，正当我们下定决心要放松或静坐的时候，大脑很快就充满负性自动思维。让大脑被一些简单的东西来占据，能够阻止这种情况的发生。而且，如果闲晃意味着整理思绪，那这就是它的内在好处。

任何事情都可以让人放松，例如看书或看电视节目。看电视之所以不再像过去那样成为暂时的休息，在于我们现在经常在看电视的时候做其他事情，比如看手机、电子邮件，等等。

结论

我们选择照顾我们的身体，借此来照顾大脑。我们可以选择吃得好、有足够的睡眠、运动和放松；也可以选择好好思考，不让负性自动思维将我们带入消极思想和忧虑的旋涡中，以此来"锻炼"我们的身体。

我们应充分意识到思想（例如愤怒）对身体的影响，我们必须接受这种联系，而不是恐惧它，因为积极面对具有巨大的潜力。这可以使我们变得更加积极，充分参与生活，从生活中获得更多的快乐。

你真的会自我反思吗

· 学会激发创造力并将其应用于
日常生活中

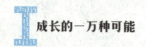
对于大多数人来说，想象力实际上在产生主导生活的消极情绪中具有重要作用。当我们察觉到可能不存在的危险时，我们会自我暗示，想象自己是软弱、无能的，大脑正在向我们展示一幅负面形象。但从相反的角度，想象一个有能力的你，会引导大脑将此变成新的神经通道。

正是想象力使我们能够成功地重塑思维，释放潜能。

在本章的前半部分，我们将巩固一些前几章中用到的想象力的概念。除此之外，还有一些综合练习，旨在提高创造力，并利用想象力做出积极改变。

什么是想象？什么是创造力？

想象是个人的私人活动，创造力是想象的外在表达。

想象力和前额叶皮质（思维更高的大脑）之间的联系非常紧密。与大多数联系一样，想象力和前额叶皮质可以双向工作，这被称为生物方向性。你可以用想象力来培养注意力和集中力，同时可以利用专注力来提高创造力和洞察力。

当你拥有一个创造性的时刻，也许是某个想法或领悟（有时这种时刻被称为"啊，原来如此"的时刻），你的大脑和自动神经系统就会关闭了1秒，所有的"力量"都集中在洞察力上。

提高专注力，会让你有更多的创造性时刻。

当运用想象力时，我们会用到超过40个不同的大脑区域。当神经元被触发并连接在一起时，新想法便从新的连接中产生。如果让你闭上眼睛想象一头粉红色的大象，你就能看到它，尽管你的大脑无法回忆起你见过如此奇妙的动物。

这是因为你的大脑能够以不同的方式将熟悉的部件组装起来，产生神经元的集合，其中一些神经元调用大象的图像，而其他神经元则调用粉红色的图像。你甚至可以想象，这头大象戴着王冠，跳着华尔兹舞。思维合成的关键之处在于，每一组神经元都需要在不同的时间被触发，但是大脑可以统一它们，这样就能够统一传导，大象不用慢慢变成粉色，或者等一会儿才开始跳舞。

越习惯于适应性行为，习惯于不断地学习新知识、接受变化，我们的想象力就越活跃。

运用想象力的能力越强，解决问题的能力、专注倾听的能力以及航向回正的能力就越强。当然，不仅仅是"创造者"需要这些技能，艺术家和表演家所做的，我们都一直在做。

我们都是有创造力的人。

想象与自我形象

毫无疑问，我们改变自我形象的能力很大程度上取决于是否是用来创造性的方法。本质上，自我形象是我们看待或想象自己的方式。很多人实际上被消极的自我形象所催眠了，并按其行事。我们按照这种自我形象的"要求"做出相应的行为，并且进一步进入负性螺旋。我们应通过培养有益的信念来改变自我形象，这也为大脑提供了新的关于自我形象"真相"。

为想象中的自己勾勒一个轮廓，然后逐渐"上色"，并想象细节，赋予其色调与纹理。

例如，如果你积极地认为自己是一个在某种情境下不会惊慌的人，你可能会分不同阶段进行：

1. 想象一个情境，具体一点；

2. 观察你的普遍反应：我这么做、我来到这里、我这么说；

3. 现在，进入情境，想想细节，一个微笑或一个停顿；

4. 在情境中补充生理机能和情感：我的感觉有多真切？它是如何对我产生影响的？

当你建立新的自我形象时，确保使用了创造力。

创造力和治愈

有充分的证据表明，以戏剧、舞蹈、音乐和艺术为中心的创造性疗法（有时被称为表达疗法），在治疗抑郁症、焦虑症、恐惧症和某些形式的精神病方面是非常有效的。

这种疗法用于：

1. 解决问题；

2. 探索关于自我的真理；

3. 了解常见的自我形象；

4. 了解不健康的行为模式；

5. 应对困境。

如今，戏剧疗愈、艺术疗愈、音乐疗愈和舞蹈疗愈都被广泛应用于各种领域，但这种疗法实际上已有 50 多年或 5000 年的历史了。

创意练习

我们可以用同样的方式将最终目标或解决问题的方法可视化。当你在这些练习中运用想象力时，试着把情感融入其中。如果你想象自己已经实现了最终目标，那么将实现目标的兴奋和快乐融入其中。

深信你所想象的一切都是你的，不需要谦虚，就是要实现。如果脑海里想着输，你就不可能赢；但是一直想着不要输的话，也不可能会赢，因为我脑海中只会锁定"输"这个字（想想我们会经常掉进这个陷阱）。

我（贝丝·伍德）有时只需要一张关于近期快乐记忆的"思维快照"就可以获得快乐。越是在脑海中重复视觉化形象，它就越根深蒂固，也就变得越有效。所以，如果你发现某个练习对你有用，试着经常重复。

练习 9.1：与老板或合作伙伴的情景可视化

舒适地坐下，深呼吸一两次，感觉自己注意力集中，闭上眼睛。

想出一个你和老板或者搭档共处的场景，然后将这个场景逐渐展开。也许这是一件你需要请求但一直拖延的事情或者你觉得不高兴的事情，是不想再发生的事情。

想象一下这个场景将发生在哪里，你们是坐着还是站着。在你的想象中把这个场景演一遍，但是时间不能超过1分钟。

想象结束后，你的情绪稍微变好吗？如果是这样的话，再来一次，在想象中调整你的反应，使其变得更加积极。

重复想象这个场景 5 次。

练习 9.2：运用想象来对抗消极的自我暗示

想象一个批评家站在你身后，对你说这些消极的想法。

然后转过身来面对这位批评家，反驳他的每一句话。即如果有人这样攻击你，你会怎么说？

练习结束后，将你的反击"提交"给记忆。每次消极的自我暗示出现时，你就可以使用它们来反驳。

练习 9.3：想象一个困难的任务

首先，想象一个在公共场合进行的、困难的任务或活动，例如演讲，然后想象演讲内容（包含两三个主要观点就足够了）。

其次，在脑海中回顾演讲，找出最乐于倾听的观众，想象一下他们的积极反应。

最后，逐个地用你认识的人来代替每一个友好听众，比如你的家人或最好的朋友。

无论这个场景是什么，首先想象简单的场景，逐渐地使场景变得难以应对，但要保持同样积极的态度。

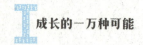

有助于提高创造力的练习

练习 9.4：诠释想法

你的大脑不太可能将你的创意用作成熟的故事或创新的模板。它很可能是从片段或简单的图像开始产生的，对这些图像的想象越完整，它越有可能成长为美好的事物。

1. 找一张你喜欢的照片或画作。不一定非得是什么杰作，你的 4 岁孩子画的东西也可以。给自己 2 分钟时间来诠释它，尽可能多地写下想法，并试着问自己"这意味着什么"。

2. 现在对一首诗做相同的事。

练习 9.5：记忆刺激

这个练习能够提高意识能力和回忆能力。

在一天结束时，选择已经发生的 3 个时刻。

1. 花 1 分钟的时间，针对每个时刻，尽可能多地写下其细节。比如，你和朋友聊天，那就写下："我们穿的是什么""有音乐在播放吗""朋友今天看起来怎么样"。一旦产生，我们能够更多地注意到细节，更加生动地看待周围的世界。

2.现在，从这3个时刻中选择一个，换一个不同的方式"播放"出来，想象一些意想不到的事情并填补在这个时刻中。比如，当你和同事站在会议室门口时，一个歌剧团走进来，或是收到一条来自世界卫生组织的短信，邀请你参加下一次白金汉宫花园聚会（当然除非你日常生活里也会发生这种事）。试着去创造一些积极且令人振奋的场景。

练习 9.6：想象背后的故事

选择一部熟悉的影视作品或短篇小说，从中选一个角色，花10分钟想象这个角色的故事背景（在故事开始之前发生了什么）。

1.他的生活中最重要的经历是什么？这是否是重大的决策或转折点？

2.他的生命中最重要的人是谁？这些人是如何影响他的？

3.在故事开始的时候，他的情感状态、经历和愿望是什么？

10分钟后，写下你的想象。此时，可以简单地写下要点，也可以写一个全面的故事或前传。

? 疑难解答

1.有没有办法让我无聊的工作更有创造性?

我们可以在培养创造力的同时让自己开心。想象一下新经理的故事;同事的房子是什么样子;会计上班的路上经历了什么可怕的事导致他到办公室的时候心情如此之差;如果复印机突然发出声音,会是什么样的声音……

在工作的每一个方面,试着做出改变,将创意融入构思,打破常规。

公司基于固定的系统而运行,虽然这对平稳运行是必要的,但这通常意味着事情往往是按照已经长期进行的方式进行的。你能否想出新的方法来完成任务。比如,提出"每周一刻午餐"或"创意星期一"的建议,在这些时间里,员工可以为他们的创意而获得(很少的)奖赏。

2.当我总是用想象力重演已经发生的事情时,是不是很糟糕?

不,一点也不。积极正面的记忆在各个层面上都是有益的,它会让你感到快乐。这些记忆成为很多人晚年生活中非常重要的快乐来源。

如果丢失负面记忆或者是好的记忆反而带来了痛苦,给记忆一点时间与情绪共处,但不要让自己进入负性螺旋中。给自己 15 分钟冷静下来，然后再开始做其他的事情，比如参与喜欢的活动或者使用书中的练习来厘清和重置思绪。

结语

如何将创造力融入日常生活？

充分利用想象力，将有助于我们获得并保持"积极性"，更好地应对变化和困难，并成功地运用 ABC 模型来摆脱无用信念，使我们成为一个更具同情心、同理心和满足感的人。我们的想法能够让我们一整天都"开心"。

在一天中运用想象力：

1. 在早晨的练习中加入一个简短的想象力或创造力练习；

2. 运用想象力和创造力处理任务和问题；

3. 让创造性活动成为日常生活的一部分。

在为期六周的后续计划中，创意练习是周末活动的一部分，但如果可以的话，一定要将其渗透到工作中。

首先，抓住每一个机会去玩乐。陪孩子玩、玩喜欢的游戏，没有什么比为了发挥创造力而玩乐更好的事情了。

想想如何将你喜欢并且为其花了很多时间的爱好做得更好。例如，如果你花了相当长的时间在社交媒体上发布内容，那就学习如何拍出更好的照片和视频。

让社交活动融入你的生活，结识朋友或加入有共同兴趣的群体。当你与他人交流时，请用上同理心，站在他们的角度来思考。

想象力是健康的情感关系、提高理解力、保持生活的新鲜的一个关键组成部分。

接受新事物和新冒险，无论大小。

通过创造性地回应，你会对周围世界的美有更强的感知力。创造性地回应是接受变化和挑战的重要方法。

我们都是有创造力的人，利用创造力是释放活力的过程中最令人兴奋的部分之一。

第十章

Chapter Ten

缓解压力

- 如何从不良压力中识别良性压
  力，不让压力的恶魔占据上风

"压力"一词是汉斯·塞利（Hans Selye）在 20 世纪 30 年代创造的。想一想"压力"对你意味着什么，你会如何定义它。简单的定义可能是，"压力是一种精神紧张或情绪负重的状态，这种状态是由艰难或困难的情况造成的"。（如图 10.1）

图 10.1　压力的恶魔

我们将以一个简单速的练习开始这一章。压力这个词大多数人会用到，但通常以完全不同的方式在使用。

练习 10.1：解释压力

思考以下问题，并把答案记在笔记本上。

1. 此时此刻，压力值的范围是 1 ~ 10 的话，你会给你的压力打多少分？

2. 你认为生命中最紧张的时刻是什么时候？为什么？

3. 你认为你什么时候压力最小，为什么？

4. 你的朋友中，谁压力最大？为什么？

5. 你的朋友中，谁压力最小？为什么？

6. 除此之外，写下你认为他们压力大的原因以及压力对他们的影响。

压力可以是良性的

在更详细地阐述上文提到的应激反应之前，我们将做一个大胆而精彩的声明：压力可以是良性的。

当我们教授这门课程时，这个声明通常会引起惊讶的反应。生活中的很多场景，从演讲到给孩子接生，这些情境下的压力正是你完成任务所需要的。一个演员知道他们需要肾上腺素，才能展现最好的自己，我们所有人也是如此。压力是生活的重要组成部分。我们需要一定程度的压力来激励我们，使我们奋斗、拼搏；我们需要压力来保护我们免于危险。

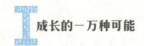

兴奋感或连续负荷

我们的目标不是完全消除压力，因为我们都知道这有多困难。压力会带来兴奋感，使我们相信我们能够演讲、表演、接受采访，完成任何会紧张情绪的任务。如果这项任务不可能完成，那么我们很少或根本不会产生兴奋感。

斯蒂芬·帕尔默（Stephen Palmer）对压力定义为，"当感知到的压力超过我们感知到的应对能力时，压力就会产生"。当然，"感知"这个词很关键。所以让我们看看，当我们相信"我们可以应对"或者至少感觉到"我们可以"的时候，会发生什么。这种没有使我们丧失能力，反而还有可能帮助我们的良性压力是什么？

图 10.2 表明，存在一个最佳的位置，即表现力峰值，压力水平在此处能帮助我们实现目标。这个目标可能与把我们带离舒适区的任务或情况有关，但不可能是我们认为完全无法实现的事情。生活中很少有事情比要求做不可能完成的任务更具压力。

在图 10.2 的左下角，有一个区域叫作"无所事事"，这对精神健康的损害几乎和慢性压力一样大。在此处，我们感到没有目标，生活失去了意义，花时间所做的事里没有任何一件有所进展。长时间的无所事事会使我们强烈地否定自己，并最终导致抑郁，免疫系统逐渐失效。

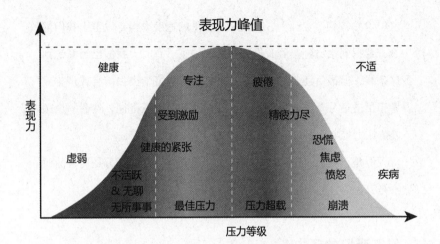

图 10.2　压力等级与表现力

　　沿着垂直线再往上一点，会产生健康的紧张。在此处，我们接受挑战，乐于学习，忙于其中；动力、求知欲出现，感到活力满满；有想法、创造性以及洞察力；更关注自己和他人，更能看到大局。

　　在表现力峰值处，我们觉得自己可以做任何事情。回忆一下你上次处于表现力峰值的时候，感觉如何？到达峰值的过程是什么？如果你觉得自己未曾到达过峰值，那就想想最接近峰值的时候，可以是分界线两边的其中一边。

　　我们太容易忽略表现力峰值分界线，因此总是在不经意间越过它"进入"疲劳和健康不良的区域。

　　现在，你能否记起你曾经越过这条线的时候？你当时注意到它了吗？正如我们之前所说，通常我们都没有注意到。这可以形容为

"温水煮青蛙综合征",我们爬到那里的速度太慢,以至于我们都没有意识到水已经热到我们无法爬出去了。有时,我们已经意识到这条线,但最后还是跨过了它,可能是因为害怕失去信誉或声誉或者害怕被过分苛刻的老板指责。我们总是在附近徘徊,然后一个额外的压力推着你跨过了峰值线。

但是,我们可以做很多事情来管理压力,确保压力是良性的而不是有害的,确保它对我们有帮助,而不是对我们不利。

伤害我们的压力

正如我们提到的,杏仁核有两个重要的工作。大多数情况下,它将感官信息传递到前额叶皮质,但在受到威胁或感知到威胁时,它会引发我们在书中多次提到的战斗或逃跑反应。

图10.3显示了对我们的健康如此不利的原因。一旦这个反应被激发,杏仁核就不再传递信息,应激反应越强烈,就越难"关闭"。

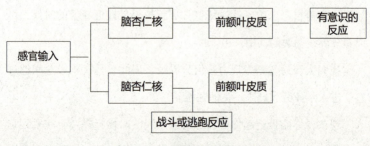

图10.3　对健康不利的原因

压力经常出现，是抑郁、焦虑和身心不健康的催化剂。所以，压力往往被认为是纯粹的造成负面影响的情绪。

短期压力过去后，我们会回到稳定状态。所以，与短期压力相比，我们需要能够识别长期的慢性压力。

鹿在水坑边饮水，狮子来了，鹿的战斗或逃跑反应被激发，让鹿有足够的肾上腺素来奇迹般地逃离狮子。鹿回来继续进食，肾上腺素水平几乎恢复正常。动物世界就是这样，但在我们的世界里不是，因为我们对危险或压力的感知能力很弱。

去开会，"活着"出来，来到咖啡间喝水，你的肾上腺素一直很高，心想：如果董事不喜欢这份报告怎么办？然后，你还会想起今天早上压力很大，对孩子大吼大叫。

压力很容易控制并吞噬我们，我们变得越来越低效。长期压力甚至使我们生病，如果不加以治疗，甚至会"杀死"我们。

现代生活的压力会对我们造成长期的伤害。我们无意中创造了一种状态，在这种状态下，应激反应经常被激活，甚至持续不断。我们时常会预测不利的结果：如果我丢了工作怎么办？如果我找不到另一个工作呢？如果我们没钱又失去房子怎么办？如果发生战争怎么办？经济衰退会对我的家庭造成什么影响？我怎样才能在退休后生存？我们在夜晚醒来，担心未来的威胁和看似不可逾越的挑战。

这种状态迅速成为一种习惯性忧虑，表现为慢性压力。

慢性压力如何使我们生病

这种习惯性忧虑导致非自愿的战斗或逃跑反应持续活跃，因而压力满满成为我们的新常态。我们忘记了不去担心，没有压力是什么感觉。一直存在的压力会引发巨大的焦虑，这种焦虑会迅速演变成抑郁症。我们不是在一种安逸的状态下"休息"，而是在不安的状态中"休息"，并且这种不安很快就会造成精神状况不佳。

当我们意识到危险时，大脑会释放应激激素（包括肾上腺素和皮质醇），使我们的身体做好准备，以应对即将来临的威胁。它们沿着血管走，到达心脏，肾上腺素使心脏加速跳动，血压升高。当皮质醇不断地被释放到动脉中时，会导致胆固醇的积聚，阻塞动脉，增加心脏病发作或中风的风险。

当你的大脑感觉到压力时，它会激活自主神经系统，压力信号会传递到肠道神经系统，这时候你就会感到心慌，或是那种与恐惧或担忧有关的恶心。同时，肠道活动也会使你更容易患上过敏性肠综合征。

长期的压力会导致体重增加，尤其是增加腰部的脂肪。这是因为皮质醇增加了你的食欲，使你渴望吃到让人心情好的食物，这些食物往往是高热量、高碳水化合物的垃圾食品。这是大脑在为对抗预期的危险做准备，增加能量储备。此时增加的腰部脂肪，也被称为深腹脂肪,增加了患心脏病和胰岛素抵抗的概率,从而导致糖尿病。慢性压力会抑制免疫细胞的功能,使我们更容易受到感染,也会降低伤口的愈合速度。但是,很多人并不知道他们的健康状况不佳是由压力、焦虑或抑郁造成的。

众所周知,慢性压力也会导致早衰,引发皮肤疾病、头痛、脱发、性欲不足、阳痿、肌肉疼痛、注意力不集中和疲劳。

找到压力的根源

一、摆脱你的无用信念

利用 ABC 模型来识别无用信念,它们是压力的根源。负性自动思维在负性螺旋中起关键作用,由于这种负性螺旋,很可能你已经构建了 5 到 6 个与现实问题相联系的难题。当你摆脱无用信念,就会发现将这些难题纠缠在一起的根本原因时,那时会有一种巨大的释放感。

二、建立坚定的自我形象

自我怀疑是令人疲惫不堪的损害性过程。请确保你的新的自我形象是真实的。很多人压力大就是因为总是费力去表现那个不真实的自己。

三、练习接受

需要注意的是，即使你已经成功地将所有的严苛要求都转换成了偏好，也会有些偏好无法得到满足，你需要接受并继续前进。

四、用成功来对抗压力，以此来减轻压力

把一件成功的事和让你有压力的事一起大声说出来。比如，"我知道我的竞标项目面临困难，但去年我中标了一个两倍金额的项目"。这两件事甚至不需要有联系。再比如，"我知道我的竞标项目面临困难，但昨晚我在卡拉OK里玩土豆怪兽游戏赢得了一个奖品！"我（贝丝·伍德）总是以一句大声的童话海盗剧的"啊哈"作为开头，因为它让我有了合适的心情来打破消极的感觉。如果你发现了负性自动思维，抓住它，用成功取而代之。

五、给自己恢复和放松的时间

我们都需要休息。在多元世界中，快速流动的信息使我们始终保持警惕，但放松是非常重要的。我们可以试着在最紧张的工作中放松几分钟。例如，当你在电脑前忙碌时，站起来3次，每次走3步；在一天中设置4次闹钟，当它响起时，做一个30秒的放松。如果坐着的时候想要放松，我们可以放松腿部肌肉和臀部肌肉，或者简单地做一个伸展。

六、在过渡时期按下"清除"按钮

这样做,你就不会把紧张或焦虑从上一个任务带到下一个任务。

七、停止多任务处理

很多人都认为多任务处理是一件好事。如果你也是这么认为的话,现在就放弃这种想法!我(贝丝·伍德)以多任务处理能力而闻名,放弃这种工作方式几乎和戒除上瘾的东西一样困难!但是,停止多任务处理也是我做过的最好的事情之一。专注于一件事对减轻压力有很大的帮助。

八、不要勉强

当我们专注于结果而不是过程时,往往会因为太勉强自己而无法集中注意力,从而产生压力。外科医生和高尔夫球手都会患"目的性创伤",当拿起手术刀或球杆时,这种创伤会突然使他们的手无法停止颤抖。忘记结果,把你的注意力带回当下,带回到正在做某件事的感觉。

如何保持兴奋感和心流

一些技巧可以帮助我们保持积极心态,并处于兴奋感／压力钟形曲线的正确位置。

1.面对问题，对自己说，"我觉得这很有意思，因为……"大多数时候，正是我们对问题的兴趣使它变得与众不同。

2.如果你需要对你没有吸引力的事情产生兴趣（例如你的工作或你为之工作的公司），想象一下你拥有了公司或发明了核心产品，或其他任何让你觉得自己是既得利益者的事情。

3.如果你需要对一个你认为没有魅力的人产生兴趣，那么就找出你们的共同点。这是演员们在扮演自己不感兴趣的角色时使用的技巧。

4.与他人以及外部世界保持联系。如果你因为压力而长期独处，可以试着一小步一小步地重新融入他人。

5."早餐吃青蛙"。这是一种时间管理方法，如果有什么让你害怕的事情（即青蛙）要做，那就先做；否则，我们的大脑会使用大量的时间担心它，负性自动思维会乘虚而入。

6.要有创造力！试着每天至少做一件有创意的事情。买一本涂色本、写一首诗、重新布置房子……

7.记下你想做但还没做的5件事，在每件事旁边写下你没有做这件事的原因，然后再在原因旁边写一个相反的论点（即你要做这件事的原因）。

❓ 疑难解答

1. 如果我知道这一天我会紧张，我要如何为之做准备呢？

在开始之前给自己几分钟时间，让自己处于最佳状态，这非常重要。比如，离开家之前或到达工作地点之前，简单做做运动。

在一天中，可以做一个"脑海中的散兵坑"练习，这对减轻压力非常有效。

2. 如果我什么事都不担心，那不就意味着我不在乎它们吗？

首先，确认一下你是真的不在乎，还是看起来不在乎。事实上，我们担心很多我们根本不在乎的事情。如果你在乎某件事，那就抛开担忧，给热情留出更多的时间和空间。

结语

记住，能够应对压力并不意味着你能够永远在静止的、永不变化的海上"航行"，只是你能够在充满压力的同时保持创造力和激情，处于平衡状态，但还是有起起落落。学会与低谷共处，然后继续前进，以一颗充满希望和开放的心来享受每一段人生经历。

第
十
一
章

Chapter Eleven

应对坏事

· 如何应对并逐渐改变消极情绪

如果生活中没有情绪，你会感觉自己生活在二维的无聊世界里，没有目标和意义。

虽然本书的目的是控制负面情绪，并逐渐用那些不能干扰和破坏情绪取而代之，但这绝不是为了失去情绪。

消极情绪也是生活的重要组成部分之一。如果因为分手或丧亲而感到悲伤，这是对的，也是必然的。关键的是，学会与悲伤共处，而不是让它引导你进入负性螺旋。我(贝丝·伍德)想把悲伤留给自己，而不是把它交给负性自动思维。这意味着，感到悲伤都是有理由的，比如失去了一个心爱的包，我们会不知不觉就感到悲伤。但生活中有足够多的"大事"需要处理，学会不为"小事"费力是非常有用的。

我们有时会发现，很多人已经失去了情感反应，他们筑起一堵墙来保护自己，但是这是在把好的和坏的东西都阻挡在外。这是大多数人有效应对创伤的临时反应，但是我们应该找到一种方法，既能应对创伤，也能拥有情绪。保护自己的这堵墙需要我们创造消极的信念来维持和巩固，这从本质上加深了创伤。

重新审视信念，接受现状，并与情绪共处，我们才可以更好地继续前进。我们把重新进入情感世界，叫作"觉醒"。

什么是情绪

情绪是一种意识活动，其特征是产生心理活动和或大或小的快乐或不快。

情绪是许多行为背后的驱动力，无论是有益的还是无益的。众所周知，我们的大脑本能地会"警惕"威胁或奖赏，当它们出现时，大脑会释放化学物质，这些化学物质从我们的大脑开始移动，穿过身体。我们感受到的情绪就是这些化学物质激发的反应。

情绪反应有很多种表现形式。

1.我们的大脑会改变身体反应。例如，当我们生气或害怕时，心跳会更快；当我们悲伤时，会流泪，说话的声音也会改变。

2.当我们"寻求"增强情绪时，我们的大脑就会开始在相应的情绪状态下工作。比如，如果我们感到害怕，就总是会感到危险；如果我们高兴，就会开始注意到我们喜欢的事情。

3.我们的行为会发生改变，比如，生气，会反抗；悲伤，会逃跑；害怕，会躲起来。

这些表现是下意识的，情绪会劫持大脑，使我们很难理性思考，但情绪对我们所有人依旧非常重要。

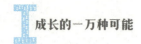

为什么情绪很重要

情绪很重要，因为拥有情绪意味着你可以享受生活，比如，爱你的伴侣和孩子、欣赏你所拥有的东西和美丽的自然世界、享受晚年、获得成就感。

情绪是灯塔或标记。如果我们感到不安或焦虑，甚至悲伤或恐惧，这是情绪在向我们发出警报，负性自动思维已经乘虚而入了，是时候集中注意力、屏蔽噪声了。如果我们的理性思维伴随着对改变的深刻渴望或热情，那我们也能够更快、更有效地做出改变。

积极的情绪创造了产生有洞察力的思想和想法的环境。但这不足以消除消极情绪，我们还需要引入积极情绪。我们必须让自己充满热情、好奇和兴奋，如果发现自己缺少这些，我们必须致力于培养它们。这是可以做到的。

练习 11.1：好奇心

利用好奇心来激发对事物的积极看法。

简单地写下 10 个"我想知道"的事情，可以是任何你感兴趣的事情。

例如：

1.我想知道是谁建造了吉萨的狮身人面像，他们是怎么做到的；

　　2.我想知道是什么让披头士乐队写出了《黄色潜水艇》；

　　3.我想知道橱柜里的咖啡来自世界上的哪个地方。

　　4.＿＿＿＿＿＿＿＿＿＿＿＿＿＿＿＿＿＿＿

　　5.＿＿＿＿＿＿＿＿＿＿＿＿＿＿＿＿＿＿＿

　　6.＿＿＿＿＿＿＿＿＿＿＿＿＿＿＿＿＿＿＿

　　7.＿＿＿＿＿＿＿＿＿＿＿＿＿＿＿＿＿＿＿

　　8.＿＿＿＿＿＿＿＿＿＿＿＿＿＿＿＿＿＿＿

　　9.＿＿＿＿＿＿＿＿＿＿＿＿＿＿＿＿＿＿＿

　　10.＿＿＿＿＿＿＿＿＿＿＿＿＿＿＿＿＿＿

　　11.＿＿＿＿＿＿＿＿＿＿＿＿＿＿＿＿＿＿

　　12.＿＿＿＿＿＿＿＿＿＿＿＿＿＿＿＿＿＿

　　13.＿＿＿＿＿＿＿＿＿＿＿＿＿＿＿＿＿＿

情绪有多少种

　　情绪是非常难以描述和定义的，不同的人的描述是不一样的。心情好或者不好的时候，描述情绪也有所不同。表11.1 中是我们所列举的情绪，该情绪列表并非唯一的。

表 11.1　情绪列表

接纳	抑郁	偏执
爱慕	失望	怜悯
侵略	厌恶	愉悦
矛盾	怀疑	骄傲
生气	恋家	愤怒
冷漠	饥饿	后悔
焦虑	受伤	悔恨
无聊	歇斯底里	羞耻
同情	感兴趣	悲伤
困惑	嫉妒	受苦
担忧	孤独	惊讶
轻蔑	爱	同情

练习 11.2：你的习惯性情绪

使用我们的或者你自己的情绪列表，圈出你最常感受到的 6 种情绪。

在这 6 种情绪中，选出 3 个看起来与其他的最不一样的情绪。

记录最后一次感受到这 3 种情绪是什么时候，并详细描述这些情绪带给你的感受。

消极情绪

正如我们所说，我们可以将消极情绪视为警告信号或警报。消极情绪告诉我们，出了问题，需要提出质疑或做出改变。如果可以的话，让自己感激消极情绪，谢谢它们的"一路陪伴"，不然我们如何知道事情的另一面？

习惯性的消极情绪，特别是恐惧和愤怒，是我们面对问题最常有的态度。在某个时候，很可能是很早的时候，我们陷入这些情绪，是因为我们将它们有意识或无意识地视为解决办法，我们不知道还有其他方法。

很快，这些消极情绪就"变成"了我们，我们还在它们周围编织了成千上万的消极想法，比如增加了自怜和怨恨。

我们不需要自责或悔恨。我们可以使用 ABC 模型来帮助自己采取新的应对措施。要想享受没有被消极情绪压垮或击败的生活，需要管理它们，而不是压制它们。压制情绪会导致强烈的情绪波动和极少的满足感。

我们将快速探讨 3 种最常见的负面情绪。

一、焦虑

我们对（真实的或感知的）威胁进行评估，最终评定其为恐惧，这本身就会使我们产生焦虑情绪。一旦我们进入焦虑状态，就不可能理性思考，大脑会用忧虑和恐惧来"解释"一切。正如我们所说，焦虑是专注于未来的，基于对可能发生的事情的恐惧。当我们意识到焦虑时，应通过联系使自己回到能够清晰而理性地思考的状态，这非常重要。

美国第32任总统富兰克林·罗斯福（Franklin Roosevelt）曾说，"除了恐惧本身，我们没有什么可恐惧的"。欺凌是指通过一些手段使某人害怕，从而"夺走"他／她的心理安宁，然而，我们却一直这样对自己。美国邦联将军斯通沃尔·杰克逊（Stonewall Jackson）也曾说过，"不要为你的恐惧辩护"。如果我们脑海中浮现了这种想法，我们可以选择不去倾听。想象一下，如果一个顾问或领导看上去一直处于惊恐状态，我们会多么不信任他。

二、愤怒

我们很早就学会了在需要食物时大哭和尖叫。当我们遇到需要解决的问题时，很多人仍然会这样做。

如果你被愤怒所驱使，那就有必要重新审视自我形象。那些最容易生气或被冒犯的人通常是那些自我形象较弱或自我价值感较低的人。

为了避免愤怒，我们应：

1.不要期望人们会按照你的意愿行事，或是遵循你的规则或信念；

2.对自己的期望不要超过对别人的期望。

三、伤害

在不受负性自动思维和负性螺旋影响时，即使是最深的"伤口"也会愈合得更快。

但也许我们一直在执着于伤痛，任何情绪（尤其是痛苦）都可能使人上瘾。诗人会谈论痛苦的美感，我们也确实可以从痛苦中得到反常的快乐。但如果一直痛苦的话，我们就会陷入徒劳努力的旋涡中，从而迫切证明我们至少还活着。当伤害、痛苦失去刺痛感时，我们可能会感到短暂的空虚。

练习 11.3：释放情绪

我们可以做一个可视化练习来释放负面情绪，然后重新定义它们。

闭上眼睛，以开放的姿势站立，双脚分开与肩同宽，手臂放在身体两侧，离身体两侧只有几厘米远，确保脊柱是直的。

现在想象你的身体里充满了让人讨厌的情绪。我们通常按照它们第一次出现的顺序来想象它们，可以把情绪想象成液体、气体或颜色。

> 当你的身体"充满"了情绪时，想象一下情绪在你的身体里流淌，然后渗入地面。当紧张情绪消失时，让肌肉放松。

理性情绪行为疗法所确定的不健康的负面情绪

理性情绪行为疗法并不是驱除负面情绪，而是通过学习识别和面对令人烦恼的情绪，来重新审视我们的思考、行为和感觉方式。我们将一步一步地经历这个过程，但是首先，让我们更仔细地观察一下情绪。

我们所感受到的积极情绪，如幸福、喜悦、喜欢或爱，给了我们快乐，它们不会给我们带来问题。让我们心烦意乱的是负面情绪，而仅仅是识别这些情绪就很困难。

在理性情绪行为疗法中，负面情绪的类别被压缩到8个，被称为不健康的负面情绪（Unhealthy Negative Emotion，简称"UNE"），如表11.2。

表11.2　不健康的负面情绪

不健康负面情绪	主题
焦虑	威胁或危险
抑郁	重大损失或失败
内疚	道德沦丧或伤害他人

续表

愤怒	个人准则被违背或遇到挫折
羞耻	感到虚弱或缺点暴露于他人面前
受伤	失望或受到不公正待遇
羡慕	渴望他人所拥有的好运
嫉妒	由他人引起的对一段关系的威胁

当处于困境时，我们会觉得很难精确定位自己的情绪反应。但我们要学会这样做，因为这样我们才能重塑情绪，这非常重要。

感觉与情绪

感觉是一种情绪体验，短暂而不连贯。

情绪蕴含于感觉之中，是其根源所在。情绪持续数年，甚至持续一生，对我们的思想和行为产生巨大的影响。

有时我们必须深入了解感觉，以意识到潜在的情绪。例如，如果一个邻居再三地在深夜聚会，我们可能会在达到愤怒之前，产生不爽和厌烦的情绪。

除此之外，我们还会面临其他挑战，比如理解元情绪——我们体验到的关于情绪的情绪。比如，弗雷德可能会因为他和同事的外遇感到愤怒。在这种情况下，他将愤怒的矛头指向自己，因为他意识到自己的软弱，这种软弱使他感到羞耻，他羞耻的是他让家人心烦意乱以及他的道德败坏。通过识别主要的元情绪，比如弗雷德的羞耻，我们能够重新定义这种情绪，从而应对次要的情绪——愤怒。

练习 11.4：识别情绪

在特定的时间（比如看完电视或吃饭后），请朋友告诉你他们感受到的情绪。

关注任何一个负面情绪，看看你能否逐渐地将它们拆解开来，并归类于 8 种已确定的情绪中的一种。如有必要，继续问自己："这让你感觉如何？"

健康的负面情绪

运用理性情绪行为疗法模式可以将不健康的负面情绪转换为健康的负面情绪（Healthy Negative Emotion，简称为 HNE）。

一开始你可能会觉得健康的负面情绪这个说法很奇怪，负面情绪怎么可能是健康的？

表 11.3 显示了不健康的负面情绪和相应的健康的负面情绪。

表 11.3　不健康的负面情绪和健康的负面情绪

不健康的负面情绪（UNE）	健康的负面情绪（HNE）
焦虑	关心
抑郁	悲伤
内疚	悔恨
愤怒	健康的愤怒

续表

羞耻	失望
受伤	伤心
嫉妒	健康的嫉妒
羡慕	健康的羡慕

乍一看，健康的愤怒可能会让人觉得疑惑，接下来让我们看看如何重塑每一种情绪的重塑及相关的行为，使不健康的负面情绪转换为健康的负面情绪。

一、焦虑化为担心

焦虑是聚焦于未来的。它会触发我们的应激反应，引起忧虑和不快乐。我们可能会发现，感到焦虑的时候，我们更加无法直面逆境。

担心意味着我们承认问题是存在的，有了这种情绪，我们可以面对问题，并制订经过理性思考的、合乎逻辑的应对计划。

二、抑郁化为悲伤

抑郁是聚焦于过去的。它会使我们脱离社会。通过将基于刻板要求的信念转变为健康的偏好，能够使我们减少抑郁，并将这种情绪化为悲伤。

悲伤，感到悲伤没关系，我们可以与悲伤共处。承认悲伤的存在，才能更好地理解悲伤。悲伤代表着接纳自我。

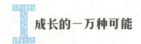

三、内疚化为悔恨

内疚与谴责或自我批评密切相关。不幸的是，我们现在普遍认为自己是坏人，"我不好，我做了件坏事，这让我变成了一个坏人"。

悔恨是承认我们有不好的行为,但同时不让这种行为定义我们,"我做了一件坏事,我为此感到悔恨,但这并不意味着我是一个坏人"。

四、愤怒化为健康的愤怒

愤怒是盲目的。愤怒时，我们什么都解决不了。在愤怒中，我们的所说所做也许会让我们后悔莫及。愤怒削弱我们控制情绪的能力，使我们在极端的情绪中扰乱自己。侵略和愤怒是同时存在的。

健康的愤怒（烦恼）是承认我们有不公正或不道德行为，但我们对此行为的反应很平静，同时能够采取行动。我们保持理性，以坚定而谨慎的心态对问题做出反应。这是高情商的关键组成部分。

五、羞耻化为失望

羞耻是当我们感到自己体被曝光了。如果做了不好的事情，我们可能会选择避开指责或批评我们的人，无法直视他们的眼睛。

失望使我们能够以一种富有同情心的、自我接纳的方式重塑情绪。我们能够平衡地看待意料中的来自他人的否定，从而在面对这种情况时，不必被迫逃避。

六、受伤化为伤心

受伤源于感觉别人以不公平或恶劣的态度对待我们，"你伤害了我的感情"。感到受伤的时候，我们会不合理地"高估"我们所受到的轻视的程度。

伤心是承认一个又一个不幸的情况是客观存在的，并且能现实而理性地去看待，不会过度思考。当我们伤心时，我们能够理性面对，努力地冷静解决问题。

七、嫉妒化为健康的嫉妒

嫉妒是一种破坏性的情绪。它使人们陷入痛苦，心生歹意。嫉妒常常与羡慕混淆。比如，嫉妒迫使我们质疑爱人有不忠的行为，我们可能会因为想要确认伴侣的忠诚，而寻找其不忠的证据，或者仅仅是生闷气。嫉妒也可能存在于职场中，对工作关系造成威胁。

健康的嫉妒是担心一段重要关系会受到威胁，这关乎平衡和理性。健康的嫉妒是理解伴侣对他人来说很有吸引力，或者伴侣会觉得他人有吸引力，但不会采取任何行动。

八、羡慕化为健康的羡慕

羡慕是对他人所拥有的事物的渴望。"他们怎么会拥有那么多而我却没有？""我想要那种生活方式。"

"我没有"的这个事实让我们认为自己是一个毫无价值的失败者。

　　健康的羡慕是渴望拥有他人所拥有的事物，但不会被这种欲望吞噬。我们能够允许他人拥有你想要的东西，冷静地接受这个事实。如果这是我们真正想要的，那么我们会努力实现目标，而不是出于贪婪或竞争需求。

如何将不健康的负面情绪重塑为健康的负面情绪

　　学习接受健康的负面情绪的好处是显而易见的，健康的负面情绪让我们更加理性、谨慎以及保持冷静和克制。

　　理性情绪行为疗法强调，情绪问题是建立在非理性思维的基础上的，如果我们要解决这些问题，我们需要将思维转变为它的理性等价物，以 ABC 模型来举例，如表 11.4。

表 11.4　ABC 模型举例

A	B	C
困境	非理性信念	不健康的负面情绪
困境	理性信念	健康的负面情绪

使用 ABC 模型来重塑不健康的负面情绪

　　以邻里冲突为例。

场景 1——要求和不健康的负面情绪

A——激发事件（Activating）或困境（Adversity）：

乔治被隔壁邻居的噪声折磨了一晚上，他没见过他们，因为他们来这儿只有一个星期，但每天晚上他们都在大声地放音乐，一直到深夜。乔治受够了。

B——关于激发事件（Activating）或困境（Adversity）的信念（Beliefs）：

你不能用嘈杂音乐"侵犯"我的世界，你真是太不礼貌了，这很糟糕。

C ——信念产生的结果（Consequence）：

乔治再也不能忍受了。他大步走到隔壁，告诉邻居他的想法；争论随之而来，侮辱和威胁你来我往。邻居把音乐的声音开得更大了。

情绪是愤怒、焦虑、受伤；行为是不受控制的攻击、喊叫、咒骂；生理（症状）是剧烈的心脏跳动，头痛，呼吸沉重。

场景 2——偏好和健康的负面情绪

A——激发事件（Activating）或困境（Adversity）：

乔治被隔壁邻居的噪声折磨了一晚上。他没见过他们，因为他们来这儿只有一个星期，但每天晚上他们都在大声地放音乐，一直到深夜。乔治认为是时候面对这个问题了。

B——关于激发事件（Activating）或困境（Adversity）的信念

（Beliefs）：

乔治希望邻里之间能找到舒适的相处方式。乔治不能接受每天晚上从隔壁传来嘈杂的音乐，但乔治没有恶意。

C ——信念产生的结果（Consequence）：

情绪是健康的愤怒、担心、悲伤；行为是乔治以友好的方式，平静地自我介绍，微笑着请邻居播放音乐的声音小一点。邻居感到很羞愧，连连道歉。乔治邀请邻居周末聚餐以互相了解。音乐已经关掉了；生理（症状）是乔治敲门时，感觉到些许的紧张，但没有攻击性，他感到一切在控制范围之内，他们会尽最大努力达成和解。

练习 11.5：重塑不健康的负面情绪

选择一种不健康负面情绪。

找出导致这种情绪的非理性或刻板的信念。

遵循上面例子中 ABC 模型，将非理性信念变为理性信念，将不健康的负面情绪转变为健康的负面情绪。

完成以下内容：

困境：＿＿＿＿＿＿＿＿＿＿＿＿＿＿＿＿＿＿＿

非理性信念：＿＿＿＿＿＿＿＿＿＿＿＿＿＿＿

不健康的负面情绪：＿＿＿＿＿＿＿＿＿＿＿

理性信念：＿＿＿＿＿＿＿＿＿＿＿＿＿＿＿＿

健康的负面情绪：＿＿＿＿＿＿＿＿＿＿＿＿

积极情绪

正如我们所说，在探索如何成就一个更幸福、更高效的你的道路上，积极情绪随时能为你所用。情绪是使我们和大脑之间建立良好关系的关键因素之一。

练习 11.6：强化积极情绪

首先，闭上眼睛，坐在舒适的地方。

花点时间来确定一个你感受到快乐或爱的时候，花 2 分钟回忆这个时刻或经历。想象那种能让你开怀大笑或开心得跳起来的快乐吧！试着把这种感觉和动作联系起来，比如狗高兴的时候会摇尾巴（这个例子可能不太恰当）。

现在让情绪加强，动作变大。如果是狗，它可能会追着自己的尾巴转圈。

当你需要鼓励时，可以强化积极情绪。

幸福

当我们快乐的时候，我们能更好地思考，表现得更好，也更健康。

美国心理学家约翰·辛德勒（John Schindler）将上述情况描述为"思想愉悦的状态"。我们可以通过以下方式获得思想愉悦的状态：

1. 活在当下；

2. 有积极的自我形象；

3. 表达感激和同情；

4. 不让负性自动思维乘虚而入；

5. 将消极无益的情绪转变为相同状态下更有益的情绪；

6. 挑战和改变那些导致消极情绪的无益信念。

美国第16任总统亚伯拉罕·林肯说："对于大多数人来说，他们认定自己有多幸福，就会有多幸福。"

记住被需要以及有所作为的感觉，确保目标中至少有一些是值得的，并且与你的信念和意义一致。

表现出你的快乐！

情商

在本书中，我们已经提到过几次情商。智商只是智力版图的一部分，一个人的整体能力有无数细小但重要的影响因素，这些是智商测试无法识别或评估的。将人的性格特征与智商相结合，能更准确地确定其真正的潜能。情商融合了较为柔和的人际交往技能和基于情感的天赋，这些能力使个人更添气质和特性。

我们都有能力提高情商，从而提高神经可塑性的有效性。尽管关于情商有几个不同的学术定义，但这些定义仍有交叉的关键部分。常见的交叉部分如下：

一、自我意识和社会意识

你能意识到自己的情绪并实事求是地看待它们吗？你容易生气吗？你觉得自己是一个爱嫉妒的人吗？你多疑吗？你在困境中很容易焦虑吗？你会平静看待建设性意见吗？你知道自己的长处吗？弱点？你知道你如何影响他人吗？你的目标是什么？你的价值观是什么？你的目标符合你的价值观吗？

二、社交技能

与他人互动及合作的能力。你能有效地影响他人与你共同努力并朝着你的方向前进吗？你知道如何激励他人吗？你能否利用你的社交技能来经营富有成效的人际关系？

三、自我管理

你能否利用自我意识重塑无益情绪？这是否有助于你在说话前理性思考和克制自己？良好的自我管理是一种非常宝贵的个人资产。

美国喜剧演员克雷格·弗格森（Craig Ferguson）列出了 3 个简单的问题。思考：

1. 有必要这么说吗？

2. 这需要我说吗？

3. 这需要我现在说吗？

这种方法可以帮助我们省去很多烦恼和后悔。

动机是指行动的意愿和成功的驱动力，需要付出任何代价来获得它。这就是同理心很重要的原因。

同理心是指理解他人的观点和感受。站在他们的角度看事情感觉如何？在这种情况下，如果我是他们，什么会激励我？我现在需要说什么才能影响他人？在这种情况下，我希望怎样被对待？

情商的提高帮助我们打开一扇新的通往高效的、压力更小的生活的大门。你会发现，你能更好地接受批评，并利用它来积极地做出改变；你会变得更加真实，坚持原则，对个人价值观和目标有更深入的了解。

你学会了如何成长为更好的自己！

自我意识

自我意识是所有重大变化的关键的影响因素。问题往往不是我们的无益信念（因为 ABC 模型可以改变它们），而是我们无法意识到这些无益信念。

花点时间去了解自己，我们可能一次又一次地犯同样的错误，一方面是我们的思维错误和期望导致我们在一开始就做出糟糕的选择，另一方面是这种"错误"已经成为我们的习惯性行为，成为阻力最小的路径。

练习 11.7：别人看到的你

选择 3 个你信任的人，向他们说明在这个练习中，保持诚实是极其重要的。

问问他们是如何看待你的；如果要把你介绍给他们的好朋友，他们会怎么说。

把他们的描述记下来，深度思考。

这可能是一个让你不舒服的练习，但这是值得做的。我们可能会发现那些我们没有预想到或意识到的积极品质，如果收到了消极反馈，也可能是给我们机会改变说话或行为方式。

他人意识

他人意识可以在很多方面帮助我们拥有更快乐的心理状态。

我们经常期望他人以与我们相同的方式对困境做出反应。在大多数情况下，当发生冲突时，他人只是以与我们不同的方式在理解和处理问题，但我们通常不能意识到这一点，只会认为他人在和我们作对。我们可以经常问问自己，"他 / 她觉得这怎么样""他 / 她对此有何感想"。

他人意识引导我们互相理解，这对建立和维持良好的人际关系来说至关重要。人际关系的崩溃至少有一部分原因是误会。

试着将大局观牢记于心；关心结果而不是关心谁是对的。

练习 11.8：深入倾听

我们将努力和专注倾听称为"参与"。

1.选择一个人进行对话，最好是你很了解但不是密友的人。认真听他说的话，并提出问题以了解更多。写下你现在对他的了解。

2.选择一个亲密朋友或亲戚进行对话。认真听他说什么。（我们很难改变对他们的看法以及回应他们的方式。）写下他让你感到惊讶的地方。

练习 11.9：站在他人的角度

闭上眼睛，花一分钟的时间想想最近发生在你熟知的人身上的事件或情况。在你的脑海中"播放"整个事件，就好像这件事发生在你身上。

如果有时间，大声说出这个"故事"或者写下来，并且用第一人称"我"。

这是培养同理心和他人意识的练习。

疑难解答

1.我怎么知道我所说的快乐是否和其他人一样?

在不同情况下，快乐是不一样的，但也许这并不重要。

2.如果我曾抱有极端的负面情绪，我会一直倾向于再次产生这种极端的负面情绪吗?

和任何经历一样，一旦我们有了极端的负面情绪，记忆痕迹就会在我们的大脑中生成，并且产生神经通路，相当于我们走过的一条路。如果我们多次产生这种负面情绪，它可能已经成为一条习惯性路径。

我们可以通过培养新的习惯性路径来做出改变。尽可能地改变生活方式、习惯和行为，因为这些习惯和行为与情绪有关。

比如，在新的地方开始新的活动，让新的人和新的想法包围自己；或者想想那些能支持你的事情，确保这些事情能够融入你的生活。

最重要的是，意识到负面情绪时，不要害怕。坚强面对，并期待最好的结果。但也要知道，如果最坏的事情发生了，我们可以坦然面对。

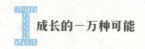

结语

一些心理健康研讨会的与会者表示担心，如果从不健康的负面情绪转换为健康的负面情绪，比如，失去愤怒，最终他们会成为那些固执己见或难以相处的人的受气包。

其实，完全相反。通过将不健康的负面情绪转换为健康的负面情绪，我们可以控制自己，对生活中的挑战产生深思熟虑、理性、自信的反应。

从理智上理解健康的负面情绪到真正能够产生需要时间，但是当你意识到你已经自然而然地以一种深思熟虑、理性、谨慎的方式，来应对那些以前会让你心烦意乱的事情时，就是自我解乏的那一天。

积极的行动会让你感到积极。选择一天，在那一天对你遇到的每个人都表示友好，只以同理心行事和思考。

不要让好吃的东西从你身边溜走。想想当你吃巧克力时，它有多美味；看看你的房子，有哪些物品承载着记忆；花一分钟的时间回忆一下你为什么要买它或者你是如何得到它的。

不要评判自己或他人。错误不需要情绪来回应，只需要改正。

第
十
二
章

Chapter Twelve

享受人生

· 如何使改变成为生活中简单且
愉快的事情

你被这本书吸引是因为你想成长，这是一个难得的机会。不要计划明天再成长，现在就做。这一切都是为了释放潜力、享受生活。如果你喜欢跳舞，那就跳舞，因为明年或后年可能就没有机会了。我们应珍惜现在拥有的时间，赋予其意义。不要整夜看电视，希望你能做些别的事情，更仔细、更谨慎地选择爱好，比如好读的书、好看的影视作品、好吃的巧克力。

做出成长的承诺和成长的过程本身一样重要。"精神错乱的人才会一遍又一遍地做着同样的事情，却期望得到不同的结果。"然而，我们一直在这样做。成长是自然而然发生的，一切都在不断变化。拥抱变化、接受变化，这会给我们带来无限多的机会。活在当下，用一种简单的毫不夸张的方式应对生活中的困难。生活是一次冒险，每一个困境都是一次机会。

当然，这趟"旅行"总有几天会不顺利，但是，今天只是今天，我们一直在朝着对的方向前进。

无论如何，都要努力成为一个有益的、温暖的、有指导性的人。专注于超越自己的目标将有助于保持动力，试着向他人表达你的成长。

温馨提醒

与你的大脑成为朋友。注意那些与你有关但不请自来的想法，即不要让负性自动思维乘虚而入。对于那些不能控制它的人来说，大脑就像敌人一样。

自我形象。不要让自我怀疑潜入大脑，这是在拿武器对准自己，当你度过了困难的一天或者累了的时候尤其要警惕。

思维错误。继续努力重新定义思维错误。别把事情想得太糟糕，时常问自己"这到底有多糟糕"。不要拖延，走出舒适区，去做需要做的事情。对每项任务使用 4D 原则——完成（Done）、删除（Deleted）、遵从（Deferred）、授权（Delegated）。让最佳行动成为习惯，成为你最常走的路。

感激。当人们心怀感激的时候，效率会更高。训练自己不再注意那些你没有的东西，专注于你真正拥有的东西。

积极性。训练你的大脑，让它把障碍视为挑战，积极地应对障碍往往会带来极大的成就感。摆脱那个总是害怕失望的你吧，这种感觉阻碍了你的前进。相反，不断地认可和庆祝每一个微小的成功，多看看外面的世界。在别人身上寻找潜力，这会帮助你在自己身上认识到它。

信念和意义。尽可能地将目标、信念和意义紧密联系在一起，并保证诚实。记住，如果你的信仰让你"打击"自己，你也可能因此而打击他人。

目标。设定可实现目标是非常必要的。这不是降低它们的"地位",而是让你不再为永远不会让你快乐的目标而奋斗。

专注。不要让负性自动思维占领你的大脑。如果你感到消极思想开始向下蔓延,做一个练习。

同理心。尽可能多地站在他人的立场上思考。

使用 ABC 模型

以下是一个简单的例子来帮助你回忆如何使用 ABC 模型。一个关于电子邮件的矛盾,这是我们经常遇到的问题。

刻板的要求

A——激发事件(Activating)或困境(Adversity):

道恩已经受够了,同事乔恩又投下了一颗"电子邮件炸弹",抄送给了"全世界",使道恩和团队声誉受损,她觉得乔恩是在推脱她自己的失败。

B——关于激发事件(Activating)或困境(Adversity)的信念(Beliefs):

"你怎么敢发这封邮件,你这个白痴。你不许在这个公开平台上批评我或者我的团队。这让我看起来像个傻子,然而你居然一走了之。"

C——信念产生的结果（Consequence）：

道恩勃然大怒，立即以一种非常直接的方式做出回应，确认自己的回击涵盖了所有要点后，按下"全部抄送"。"让电子邮件战争开始吧！"

情绪是愤怒、焦虑、受伤；行为是发送一个草率完成的、反应剧烈的电子邮件，将矛盾加深；生理（症状）是心跳加速、头痛、流泪。

偏好

A——激发事件（Activating）或困境（Adversity）：

道恩已经受够了，同事乔恩又投下了一颗"电子邮件炸弹"，抄送给了"全世界"，使道恩和团队声誉受损，她觉得乔恩是在推脱她自己的失败。

B——关于激发事件（Activating）或困境（Adversity）的信念（Beliefs）：

"太无聊了。我希望乔恩不要这样做，我知道她这样已经名声在外了。"

C——信念产生的结果（Consequence）：

情绪是健康的愤怒、担心、悲伤：

行为是道恩需要一些时间重新阅读这封电子邮件，记下邮件里的观点，并根据事实来回应。当她掌握了所有的事实和证据时，她去见乔恩，冷静而果断地针对邮件中的每一点，与乔恩就未来前进的道路和合适的解决方案达成一致。然后，道恩给所有原件中的抄送人发了一封电子邮件，列出她们商定的解决方案；生理（症状）是道恩感觉很好。头不疼，且心率正常。

结语

不要觉得成长的过程是乏味无聊的，热爱你所走过的这趟旅程。如果你觉得这是一个苦差事，那就停下来，这是对自己负责，因为你的感受才是最重要的。

如果你正在写你很感激的事情，但却没有感觉到感激之情，那就暂停一下，去做别的事，比如泡杯茶。对这趟旅程保持积极性，这将激励你在遇到困难时做出最好的决定。

让成长在内心深化。

专注于你爱的事。无论你选择专注于什么，它都会延长你的生命（这是一个不去关注你讨厌的事情的好理由）。

当我们快乐的时候，我们会更好地思考，表现得更好，也更健康。研究表明，快乐的人"擅长"人际关系、感恩、乐观、活在当下、保持身体健康。

我们习惯于认为生活应该是一场斗争，如果哪个目标没能实现，那就是因为我们没有足够努力。

　　我（贝丝·伍德）想不出比这更浪费生命的想法了。当这种想法消失时，将是我们最快乐的时候。当然，这不是一种持续的兴奋，而是一种深层的满足。我感到清醒。安迪·巴克也有同样的感觉。相信我，他不是一个多愁善感的人，但他肯定是一个乐观主义者。

　　用心生活，拥抱改变，创造生活！让我们开始变得冷静、自信、善良和真实，享受美妙的生活。享受真实的每一天。

© 民主与建设出版社，2020

图书在版编目 (CIP) 数据

　成长的一万种可能 /（英）安迪·巴克，（英）贝丝·
伍德著；杨惜译 . -- 北京：民主与建设出版社，
2020.11
　书名原文：Unlock You
　ISBN 978-7-5139-3242-4

　Ⅰ . ①成… Ⅱ . ①安… ②贝… ③杨… Ⅲ . ①人生哲
学 - 通俗读物 Ⅳ . ① B821-49

　中国版本图书馆 CIP 数据核字（2020）第 196923 号

著作权合同登记号　　01-2020-6469

成长的一万种可能
CHENGZHANG DE YIWANZHONG KENENG

著　　者	[英]安迪·巴克　贝丝·伍德	
译　　者	杨　惜	
责任编辑	程　旭	
封面设计	ABOOK-Aseven	
出版发行	民主与建设出版社有限责任公司	
电　　话	（010）59417747　59419778	
社　　址	北京市海淀区西三环中路 10 号望海楼 E 座 7 层	
邮　　编	100142	
印　　刷	北京盛通印刷股份有限公司	
版　　次	2020 年 11 月第 1 版	
印　　次	2020 年 11 月第 1 次印刷	
开　　本	880 毫米 ×1230 毫米　　1/32	
印　　张	6.5	
字　　数	127 千字	
书　　号	ISBN 978-7-5139-3242-4	
定　　价	49.80 元	

注：如有印、装质量问题，请与出版社联系。

第1周

周一：专注于思考的日常练习

☀ 早晨

  1.以图像联想呼吸作为一天的开始——2分钟；

  2.积极肯定，大声表达你的自我形象——2分钟。

☀ 白天

→ 在压力或焦虑的时候，使用下列方法之一：

  1.现在（NOW）练习（练习2.2）；

  2.将要求转换为偏好——"我更希望……"；

  3.运用往坏处想思维——糟糕程度分值区间1~10，给糟糕程度打分；

  4.高能量姿势练习（练习8.5）。

→ 同时注意：

  1.人际关系——确保你在观察、倾听、感同身受，不要将情绪个人化；

  2.任何无用的信念。

第1周

周一：专注于思考的日常练习

🌙 晚上

1.做练习：

- "注意力圈"练习（前言练习1）；
- 注意到任何想法，并让它们消散。

2.记录：

- 任何在这一天中困扰你的事；
- 任何你不得不说"我倾向于……"的时候；
- 任何你减少使用往坏处想思维的情境。

3.为做完所有事祝贺自己；
4.感恩——记下3件你觉得心怀感激的事。

第1周

周二：专注于改变的日常练习

☀ 早晨

1. 以图像联想呼吸作为一天的开始——2分钟；
2. 积极肯定，大声表达你的自我形象——2分钟。

☀ 白天

→ 在压力或焦虑的时候，使用下列方法之一：

1. 现在（NOW）练习（练习2.2）；
2. 将要求转换为偏好——"我更希望……"；
3. 运用往坏处想思维——糟糕程度分值区间1~10，给糟糕程度打分；
4. 高能量姿势练习（练习8.5）。

→ 同时注意：

1. 人际关系——确保你在观察、倾听、感同身受，不要将情绪个人化；
2. 任何无用的信念。

第1周

周二：专注于改变的日常练习

☽ 晚上

1. 致力于使用 ABC 模型：

   也许你已经意识到你想要改变的无用信念；如果没有意识到，花 2 分钟确定一个，并使用 ABC 模型改变无用信念。

2. 记录：

   - 任何在这一天中困扰你的事；
   - 任何你不得不说"我倾向于……"的时候；
   - 任何你减少使用往坏处想思维的情境。

3. 为做完所有事祝贺自己；

4. 感恩——记下 3 件你觉得心怀感激的事。

第1周

周三：专注于减少担心的日常练习

☀ 早晨

1. 以图像联想呼吸作为一天的开始——2分钟；
2. 积极肯定，大声表达你的自我形象——2分钟。

☀ 白天

→ 在压力或焦虑的时候，使用下列方法之一：

1. 现在（NOW）练习（练习2.2）；
2. 将要求转换为偏好——"我更希望……"；
3. 运用往坏处想思维——糟糕程度分值区间 1~10，给糟糕程度打分；
4. 高能量姿势练习（练习8.5）。

→ 同时注意：

1. 人际关系——确保你在观察、倾听、感同身受，不要将情绪个人化；
2. 任何无用的信念。

第1周

周三：专注于减少担心的日常练习

☽ 晚上

1. 减少担心：

- 首先检查一下你周二设定的使用 ABC 模型的目标；
- 写下 2 件与这个无用信念有关的让你担心的事情；
- 按 1~10 的分值进行往坏处想（练习 6.1）的重塑练习；
- 现在问问自己："这有多少说服力？""它的永久性如何？"
- 花 1 分钟的时间，想象你在一年的时间里可能会如何反思这个问题。

2. 记录：

- 任何在这一天中困扰你的事；
- 任何你不得不说"我倾向于……"的时候；
- 任何你减少使用往坏处想思维的情境。

3. 为做完所有事祝贺自己；

4. 感恩——记下 3 件你觉得心怀感激的事。

第1周

周四：专注于更好地思考的日常练习

☀ 早晨

1. 以图像联想呼吸作为一天的开始——2分钟；
2. 积极肯定，大声表达你的自我形象——2分钟。

☀ 白天

→ 在压力或焦虑的时候，使用下列方法之一：

1. 现在（NOW）练习（练习2.2）；
2. 将要求转换为偏好——"我更希望……"；
3. 运用往坏处想思维——糟糕程度分值区间1~10，给糟糕程度打分；
4. 高能量姿势练习（练习8.5）。

→ 同时注意：

1. 人际关系——确保你在观察、倾听、感同身受，不要将情绪个人化；
2. 任何无用的信念。

周四：专注于更好地思考的日常练习

🌙 **晚上**

1. 更好地思考：

- 首先检查一下你周二设定的使用 ABC 模型的目标；

- 接下来，我们将致力于讨论思维错误。如果你认为有一个思维错误与你的无用信念一致，那就选这一个吧；如果没有，选择一个你正在犯的思维错误。回忆这周中出现这一思维错误的时刻；

- 现在做思维错误练习（练习 6.2）。

2. 记录：

- 任何在这一天中困扰你的事；

- 任何你不得不说"我倾向于……"的时候；

- 任何你减少使用往坏处想思维的情境。

3. 为做完所有事祝贺自己；

4. 感恩——记下 3 件你觉得心怀感激的事。

周五：专注于积极感觉的日常练习

☀ 早晨

1. 以图像联想呼吸作为一天的开始——2分钟；
2. 积极肯定，大声表达你的自我形象——2分钟。

☀ 白天

→ 在压力或焦虑的时候，使用下列方法之一：

1. 现在（NOW）练习（练习2.2）；
2. 将要求转换为偏好——"我更希望……"；
3. 运用往坏处想思维——糟糕程度分值区间1~10，给糟糕程度打分；
4. 高能量姿势练习（练习8.5）。

→ 同时注意：

1. 人际关系——确保你在观察、倾听、感同身受，不要将情绪个人化；
2. 任何无用的信念。

周五：专注于积极感觉的日常练习

🌙 **晚上** (周五的顺序是不同的)

　　1.记录：

- 任何在这一天中困扰你的事；
- 任何你不得不说"我倾向于……"的时候；
- 任何你减少使用往坏处想思维的情境。

　　2.为做完所有事祝贺自己；

　　3.感觉积极：记住，积极的感觉决定你如何看待自己以及如何看待世界。

- 自我形象——找3件事来祝贺自己，花大约1分钟的时间思考每一件事情；
- 同理心——花2分钟去想一个你深爱的人，不要把时间花在担心他上（即使他是你的孩子），只需让你自己注意到他有多棒；
- 感激——记下让你感激的3件事，花大约1分钟的时间真正思考一下它们让你感觉有多棒。

第 1 周

周六：有创造力，查看你的目标

☀ 早晨

    1. 以图像联想呼吸作为一天的开始——2 分钟；

    2. 积极肯定，大声表达你的自我形象——2 分钟。

☀ 白天

    从第九章的创造力练习中任意选择其中一个进行练习。

☽ 晚上

    1. 查看你的目标，更新你在第五章中列出的清单；

    2. 为自己所取得的成就或重大进展祝贺自己，确保你按照周二设定的使用 ABC 模型的目标正在实现。

周日：具有创造性和适应性

☀ 早晨

    1.以听一段音乐作为一天的开始（真正的聆听），分辨乐器的声音，注意每个词语的重音；

    2.开始新的学习，可以是学习任何东西，比如在网上搜索你感兴趣的东西，或在地图上找一个地方。

☀ 白天

    去散步。

☽ 晚上

→ 练习想象：

    1.做我脑海中的散兵坑练习（练习2.6），尽可能详细；

    2.做将你的具体目标可视化练习（练习5.5），真正锻炼你的想象力，当你想象时专注于细节和感受到的情绪。

第2周（意识）

周一：专注于思考的日常练习

🔔 早晨

1. 以图像联想呼吸作为一天的开始——2 分钟；
2. 积极肯定，大声表达你的自我形象——2 分钟。

☀ 白天

→ 在压力或焦虑的时候，使用下列方法之一：

1. 现在（NOW）练习（练习 2.2）；
2. 将要求转换为偏好——"我更希望……"；
3. 运用往坏处想思维——糟糕程度分值区间 1~10，给糟糕程度打分；
4. 高能量姿势练习（练习 8.5）。

→ 同时注意：

1. 人际关系——确保你在观察、倾听、感同身受，不要将情绪个人化；
2. 任何无用的信念。

第2周（意识）

周一：专注于思考的日常练习

☾ 晚上

　　1. 做练习 8.2 的身体扫描练习；
　　2. 注意身体的任何有紧张感的部位。

第 2 周（意识）

周二：专注于改变的日常练习

☀ 早晨

    1.以图像联想呼吸作为一天的开始——2分钟；

    2.积极肯定，大声表达你的自我形象——2分钟。

☀ 白天

→ 在压力或焦虑的时候，使用下列方法之一：

    1.现在（NOW）练习（练习2.2）；

    2.将要求转换为偏好——"我更希望……"；

    3.运用往坏处想思维——糟糕程度分值区间1~10，给糟糕程度打分；

    4.高能量姿势练习（练习8.5）。

→ 同时注意：

    1.人际关系——确保你在观察、倾听、感同身受，不要将情绪个人化；

    2.任何无用的信念。

第2周（意识）

周二：专注于改变的日常练习

☽ 晚上

正如你在第1周的周二晚上所做的，选择1个你想改变的信念，然后开始改变。

第 2 周（意识）

周三：专注于减少担心的日常练习

☀ 早晨

1. 以图像联想呼吸作为一天的开始——2 分钟；
2. 积极肯定，大声表达你的自我形象——2 分钟。

☀ 白天

→ 在压力或焦虑的时候，使用下列方法之一：

1. 现在（NOW）练习（练习 2.2）；
2. 将要求转换为偏好——"我更希望……"；
3. 运用往坏处想思维——糟糕程度分值区间 1~10，给糟糕程度打分；
4. 高能量姿势练习（练习 8.5）。

→ 同时注意：

1. 人际关系——确保你在观察、倾听、感同身受，不要将情绪个人化；
2. 任何无用的信念。

第2周（意识）

周三：专注于减少担心的日常练习

🌙 **晚上**

    1.检查一下是否完成了改变信念的目标，这是你一天里所想的吗？

    2.记下你今天担心的事情，把每一种情况都用"我更希望……但是……"说一遍。

第2周（意识）

周四：专注于更好地思考的日常练习

☀ 早晨

    1.以图像联想呼吸作为一天的开始——2分钟；

    2.积极肯定，大声表达你的自我形象——2分钟。

☀ 白天

  → 在压力或焦虑的时候，使用下列方法之一：

    1.现在（NOW）练习（练习2.2）；

    2.将要求转换为偏好——"我更希望……"；

    3.运用往坏处想思维——糟糕程度分值区间1~10，给糟糕程度打分；

    4.高能量姿势练习（练习8.5）。

  → 同时注意：

    1.人际关系——确保你在观察、倾听、感同身受，不要将情绪个人化；

    2.任何无用的信念。

第2周（意识）

周四：专注于更好地思考的日常练习

🌙 **晚上**

    1.认识低挫折承受力是一个非常常见的思维错误；

    2.找出你产生这一思维错误的最新的情景，用第六章的3个问题来重塑这种思维错误。

第2周（意识）

周五：专注于积极感觉的日常练习

☀ 早晨

1. 以图像联想呼吸作为一天的开始——2分钟；
2. 积极肯定，大声表达你的自我形象——2分钟。

☀ 白天

→ 在压力或焦虑的时候，使用下列方法之一：

1. 现在（NOW）练习（练习2.2）；
2. 将要求转换为偏好——"我更希望……"；
3. 运用往坏处想思维——糟糕程度分值区间1~10，给糟糕程度打分；
4. 高能量姿势练习（练习8.5）。

→ 同时注意：

1. 人际关系——确保你在观察、倾听、感同身受，不要将情绪个人化；
2. 任何无用的信念。

第 2 周（意识）

周五：专注于积极感觉的日常练习

🌙 晚上

　　专注自我形象，做"大我，小我"练习（练习 7.3），确保你写了至少 10 个"小我"，大声朗读每一个"小我"，花点时间微笑，为自己感到骄傲。

第2周（意识）

周六：有创造力，查看你的目标

☀ 早晨

1. 以图像联想呼吸作为一天的开始——2分钟；
2. 积极肯定，大声表达你的自我形象——2分钟。

☀ 白天

从第九章的创造力练习中任意选择其中一个进行练习。

☽ 晚上

1. 思考你在第1周的周六回顾的目标，为对你来说最重要的人做一个练习5.5；
2. 从第九章的创造力练习中任选一个进行练习。

第2周（意识）

周日：具有创造性和适应性

☀ 早晨

1. 以听一段音乐作为一天的开始（真正的聆听），分辨乐器的声音，注意每个词语的重音；

2. 开始新的学习，可以是学习任何东西，比如在网上搜索你感兴趣的东西，或在地图上找一个地方。

☀ 白天

去散步。

☽ 晚上

→ 练习想象：

1. 重温你在本书的前几章中所考虑的意义。它仍然有效吗？它能激励你吗？如果没有，请进行任何必要的更改；

2. 想想你已经做过或正在做的3件事，确保这个意义在你的生活中占据主导地位。

第3周（情绪）

周一：专注于思考的日常练习

☀ 早晨

1. 以图像联想呼吸作为一天的开始——2分钟；
2. 积极肯定，大声表达你的自我形象——2分钟。

☀ 白天

→ 在压力或焦虑的时候，使用下列方法之一：

1. 现在（NOW）练习（练习2.2）；
2. 将要求转换为偏好——"我更希望……"；
3. 运用往坏处想思维——糟糕程度分值区间1~10，给糟糕程度打分；
4. 高能量姿势练习（练习8.5）。

→ 同时注意：

1. 人际关系——确保你在观察、倾听、感同身受，不要将情绪个人化；
2. 任何无用的信念。

第 3 周（情绪）

周一：专注于思考的日常练习

 晚上

好好吃饭。

第3周（情绪）

周二：专注于改变的日常练习

🌅 早晨

1. 以图像联想呼吸作为一天的开始——2分钟；
2. 积极肯定，大声表达你的自我形象——2分钟。

☀ 白天

→ 在压力或焦虑的时候，使用下列方法之一：

1. 现在（NOW）练习（练习2.2）；
2. 将要求转换为偏好——"我更希望……"；
3. 运用往坏处想思维——糟糕程度分值区间 1~10，给糟糕程度打分；
4. 高能量姿势练习（练习8.5）。

→ 同时注意：

1. 人际关系——确保你在观察、倾听、感同身受，不要将情绪个人化；
2. 任何无用的信念。

第 3 周（情绪）

周二：专注于改变的日常练习

🌙 晚上

　　1. 回顾你在第 1 周和第 2 周的周二开始改变的信念，并评估在每个信念上你改变了多少；

　　2. 如果你认为这两个信念已经开始改变，那么就开始改变第三个信念；如果没有改变，则继续改变已选择的两个；

　　3. 创造一个与新信念相关的积极肯定。当新信念成功地融入生活中时，试着去捕捉你感受到的情绪。

第3周（情绪）

周三：专注于减少担心的日常练习

☀ 早晨

　　1.以图像联想呼吸作为一天的开始——2分钟；
　　2.积极肯定，大声表达你的自我形象——2分钟。

☀ 白天

→ 在压力或焦虑的时候，使用下列方法之一：

　　1.现在（NOW）练习（练习2.2）；
　　2.将要求转换为偏好——"我更希望……"；
　　3.运用往坏处想思维——糟糕程度分值区间
1~10，给糟糕程度打分；
　　4.高能量姿势练习（练习8.5）。

→ 同时注意：

　　1.人际关系——确保你在观察、倾听、感同身受，
不要将情绪个人化；
　　2.任何无用的信念。

第3周（情绪）

周三：专注于减少担心的日常练习

☽ **晚上**

列出你所抱有的 5 个有益信念，然后花 1 分钟的时间来思考，想想其中每个信念对你的生活产生的积极影响。

第3周（情绪）

周四：专注于更好地思考的日常练习

☀ 早晨

1. 以图像联想呼吸作为一天的开始——2分钟；
2. 积极肯定，大声表达你的自我形象——2分钟。

☀ 白天

→ 在压力或焦虑的时候，使用下列方法之一：

1. 现在（NOW）练习（练习2.2）；
2. 将要求转换为偏好——"我更希望……"；
3. 运用往坏处想思维——糟糕程度分值区间1~10，给糟糕程度打分；
4. 高能量姿势练习（练习8.5）。

→ 同时注意：

1. 人际关系——确保你在观察、倾听、感同身受，不要将情绪个人化；
2. 任何无用的信念。

第3周（情绪）

周四：专注于更好地思考的日常练习

☽ 晚上

→ 挑战选择性思维：

　　1.仔细思考一个你现在必须处理的问题，可以是个人的或与工作相关的；

　　2.做一张散点图，只需记下问题的各个方面，无论大小；

　　3.依次思考每个方面，并专注于所有积极面。

第3周（情绪）

周五：专注于积极感觉的日常练习

☀ 早晨

  1.以图像联想呼吸作为一天的开始——2分钟；
  2.积极肯定，大声表达你的自我形象——2分钟。

☀ 白天

  → 在压力或焦虑的时候，使用下列方法之一：

  1.现在（NOW）练习（练习2.2）；
  2.将要求转换为偏好——"我更希望……"；
  3.运用往坏处想思维——糟糕程度分值区间1~10，给糟糕程度打分；
  4.高能量姿势练习（练习8.5）。

  → 同时注意：

  1.人际关系——确保你在观察、倾听、感同身受，不要将情绪个人化；
  2.任何无用的信念。

第3周（情绪）

周五：专注于积极感觉的日常练习

☽ 晚上

  1. 列出让你心怀感恩的 5 件事；

  2. 针对每件事写下你感激的原因，如果有时间的话，写一些细节；

  3. 写下这 5 件事带给你的感受，并真正地去感受它。

第3周（情绪）

周六：有创造力，查看你的目标

☀ 早晨

1. 以图像联想呼吸作为一天的开始——2分钟；
2. 积极肯定，大声表达你的自我形象——2分钟。

☀ 白天

从第九章的创造力练习中任意选择其中一个进行练习。

☽ 晚上

1. 重温你在第1周和第2周所想的目标、意义和信念，选择让你最兴奋的目标（不一定是最重要的目标）；
2. 为这个目标做一个练习5.5，真正专注于情绪。

第3周（情绪）

周日：具有创造性和适应性

☀ 早晨

1.以听一段音乐作为一天的开始（真正的聆听），分辨乐器的声音，注意音调的变化；

2.开始新的学习，可以是学习任何东西，比如在网上搜索你感兴趣的东西，或在地图上找一个地方。

☀ 白天

去散步。

☽ 晚上

→ 练习想象：

1.从第九章中选择一个创造力练习，或者简单地做一些创造性的事情，比如画一幅画，写一首诗或者编排一个舞蹈；

2.记下做这些事的感受，并感受情绪。

第4周（连结）

周一：专注于思考的日常练习

☀ 早晨

1. 以图像联想呼吸作为一天的开始——2分钟；
2. 积极肯定，大声表达你的自我形象——2分钟。

☀ 白天

→ 在压力或焦虑的时候，使用下列方法之一：

1. 现在（NOW）练习（练习2.2）；
2. 将要求转换为偏好——"我更希望……"；
3. 运用往坏处想思维——糟糕程度分值区间
1~10，给糟糕程度打分；
4. 高能量姿势练习（练习8.5）。

→ 同时注意：

1. 人际关系——确保你在观察、倾听、感同身受，
不要将情绪个人化；
2. 任何无用的信念。

第4周（连结）

周一：专注于思考的日常练习

☾ 晚上

1. 注意你在路上看到或遇到的任何人，微笑；
2. 花些时间想象一下他们积极的表现。

第4周（连结）

周二：专注于改变的日常练习

☀ 早晨

　　1. 以图像联想呼吸作为一天的开始——2分钟；
　　2. 积极肯定，大声表达你的自我形象——2分钟。

☀ 白天

→ 在压力或焦虑的时候，使用下列方法之一：

　　1. 现在（NOW）练习（练习2.2）；
　　2. 将要求转换为偏好——"我更希望……"；
　　3. 运用往坏处想思维——糟糕程度分值区间1~10，给糟糕程度打分；
　　4. 高能量姿势练习（练习8.5）。

→ 同时注意：

　　1. 人际关系——确保你在观察、倾听、感同身受，不要将情绪个人化；
　　2. 任何无用的信念。

第4周（连结）

周二：专注于改变的日常练习

🌙 **晚上**

→ 到目前为止，你至少有2个正在努力改变的信念：

　　1. 回顾过去那些常常与无用信念联系在一起的不健康的负面情绪；

　　2. 现在想想新的健康情绪，这些情绪是由有益信念引起的；

　　3. 把这些情绪写下来。

第4周（连结）

周三：专注于减少担心的日常练习

☀ 早晨

    1. 以图像联想呼吸作为一天的开始——2分钟；

    2. 积极肯定，大声表达你的自我形象——2分钟。

☀ 白天

→ 在压力或焦虑的时候，使用下列方法之一：

    1. 现在（NOW）练习（练习2.2）；

    2. 将要求转换为偏好——"我更希望……"；

    3. 运用往坏处想思维——糟糕程度分值区间1~10，给糟糕程度打分；

    4. 高能量姿势练习（练习8.5）。

→ 同时注意：

    1. 人际关系——确保你在观察、倾听、感同身受，不要将情绪个人化；

    2. 任何无用的信念。

第4周（连结）

周三：专注于减少担心的日常练习

☽ 晚上

　　1.花几分钟时间画一张小小的银河系图，在图中，你在中心，周围都是圆圈，每一个圆圈代表生活中与你有关的一个人或一个领域；

　　2.现在再画一条线（最好是彩色的），加入任何让你感到有积极情绪的人或事；

　　在接下来的两天里，要尽可能地加入新的"线"，即使它们只是短暂地在你的脑海中闪过。

第4周（连结）

周四：专注于更好地思考的日常练习

☀ 早晨

1. 以图像联想呼吸作为一天的开始——2分钟；
2. 积极肯定，大声表达你的自我形象——2分钟。

☀ 白天

→ 在压力或焦虑的时候，使用下列方法之一：

1. 现在（NOW）练习（练习2.2）；
2. 将要求转换为偏好——"我更希望……"；
3. 运用往坏处想思维——糟糕程度分值区间1~10，给糟糕程度打分；
4. 高能量姿势练习（练习8.5）。

→ 同时注意：

1. 人际关系——确保你在观察、倾听、感同身受，不要将情绪个人化；
2. 任何无用的信念。

第4周（连结）

周四：专注于更好地思考的日常练习

☽ 晚上

→ 摆脱导致不必要焦虑和浪费时间的思维错误——罪责归己：

1. 记下上个月你觉得自己受到了攻击的3个场景；

2. 花1分钟的时间，通过另一个牵涉其中的人的视角观察每个场景；

3. 站在他们的角度去思考。

第4周（连结）

周五：专注于积极感觉的日常练习

☀ 早晨

1. 以图像联想呼吸作为一天的开始——2分钟；
2. 积极肯定，大声表达你的自我形象——2分钟。

☀ 白天

→ 在压力或焦虑的时候，使用下列方法之一：

1. 现在（NOW）练习（练习2.2）；
2. 将要求转换为偏好——"我更希望……"；
3. 运用往坏处想思维——糟糕程度分值区间1~10，给糟糕程度打分；
4. 高能量姿势练习（练习8.5）。

→ 同时注意：

1. 人际关系——确保你在观察、倾听、感同身受，不要将情绪个人化；
2. 任何无用的信念。

第4周（连结）

周五：专注于积极感觉的日常练习

☾ 晚上

1. 列出本周你产生同理心的时刻；

2. 并给每个时间打分，评分标准为同理心程度，1~10；

3. 选择 3 个场景，每一个场景思考 1 分钟，考虑如何把分值提高 1~2 分。

第4周（连结）

周六：有创造力，查看你的目标

☀ 早晨

1. 以图像联想呼吸作为一天的开始——2分钟；
2. 积极肯定，大声表达你的自我形象——2分钟。

☀ 白天

从第九章的创造力练习中任意选择其中一个进行练习。

☽ 晚上

1. 想想其他人在你最重要的目标、最积极的信念以及生命的意义上，所扮演的角色；
2. 在2分钟的时间里，把注意力集中在这些人带给你的感觉上。

第4周（连结）

周日：具有创造性和适应性

☀ 早晨

1.以听一段音乐作为一天的开始（真正的聆听），分辨乐器的声音，注意音调的变化；

2.开始新的学习，可以是学习任何东西，比如在网上搜索你感兴趣的东西，或在地图上找一个地方。

☀ 白天

去散步。

☽ 晚上

→ 练习想象：

1.试着做一件与他人一起创造的事情，比如和孩子进行角色扮演；

2.如果上述练习无法实现，那么做一件由另一个人激发灵感的创造性任务，比如用一首已经写好的诗的第一行作为开头来重新写一首。

第5周（勇气）

周一：专注于思考的日常练习

☀ 早晨

1. 以图像联想呼吸作为一天的开始——2分钟；
2. 积极肯定，大声表达你的自我形象——2分钟。

☀ 白天

→ 在压力或焦虑的时候，使用下列方法之一：

1. 现在（NOW）练习（练习2.2）；
2. 将要求转换为偏好——"我更希望……"；
3. 运用往坏处想思维——糟糕程度分值区间
1~10，给糟糕程度打分；
4. 高能量姿势练习（练习8.5）。

→ 同时注意：

1. 人际关系——确保你在观察、倾听、感同身受，
不要将情绪个人化；
2. 任何无用的信念。

第5周（勇气）

周一：专注于思考的日常练习

🌙 **晚上**

    1."回到中心"。站直，双脚分开与肩同宽，手臂放在身体两侧，不要紧绷，闭上你的眼睛，感受自己"处于中心"；

    2.移动手臂，转动肩膀，弯曲膝盖，使臀部移动，扭动头和脖子；

    3.把注意力集中在身体运动的部位，当注意力游走时将其拉回。

第5周（勇气）

周二：专注于改变的日常练习

☀ 早晨

1.以图像联想呼吸作为一天的开始——2分钟；
2.积极肯定，大声表达你的自我形象——2分钟。

☀ 白天

→ 在压力或焦虑的时候，使用下列方法之一：

1.现在（NOW）练习（练习2.2）；
2.将要求转换为偏好——"我更希望……"；
3.运用往坏处想思维——糟糕程度分值区间1~10，给糟糕程度打分；
4.高能量姿势练习（练习8.5）。

→ 同时注意：

1.人际关系——确保你在观察、倾听、感同身受，不要将情绪个人化；
2.任何无用的信念。

第5周（勇气）

周二：专注于改变的日常练习

🌙 晚上

　　努力改变一种新的、更具挑战性的无用信念，最好是你从未想过自己能够改变的信念。

第5周（勇气）

周三：专注于减少担心的日常练习

☀ 早晨

1. 以图像联想呼吸作为一天的开始——2分钟；
2. 积极肯定，大声表达你的自我形象——2分钟。

☀ 白天

→ 在压力或焦虑的时候，使用下列方法之一：

1. 现在（NOW）练习（练习2.2）；
2. 将要求转换为偏好——"我更希望……"；
3. 运用往坏处想思维——糟糕程度分值区间
1~10，给糟糕程度打分；
4. 高能量姿势练习（练习8.5）。

→ 同时注意：

1. 人际关系——确保你在观察、倾听、感同身受，
不要将情绪个人化；
2. 任何无用的信念。

第5周（勇气）

周三：专注于减少担心的日常练习

☽ 晚上

    1.列出你已经重塑或正在重塑的信念和思维错误；

    2.仔细阅读这份清单，充分感受你的勇气；

    3.列出 10 件你迫不及待想做的可怕的事情。

第5周（勇气）

周四：专注于更好地思考的日常练习

☀ 早晨

1. 以图像联想呼吸作为一天的开始——2分钟；
2. 积极肯定，大声表达你的自我形象——2分钟。

☀ 白天

→ 在压力或焦虑的时候，使用下列方法之一：

1. 现在（NOW）练习（练习2.2）；
2. 将要求转换为偏好——"我更希望……"；
3. 运用往坏处想思维——糟糕程度分值区间1~10，给糟糕程度打分；
4. 高能量姿势练习（练习8.5）。

→ 同时注意：

1. 人际关系——确保你在观察、倾听、感同身受，不要将情绪个人化；
2. 任何无用的信念。

第5周（勇气）

周四：专注于更好地思考的日常练习

🌙 **晚上**

列出你所能回忆起的将刻板要求改变为偏好的情景。

第5周（勇气）

周五：专注于积极感觉的日常练习

☀ 早晨

1. 以图像联想呼吸作为一天的开始——2分钟；
2. 积极肯定，大声表达你的自我形象——2分钟。

☀ 白天

→ 在压力或焦虑的时候，使用下列方法之一：

1. 现在（NOW）练习（练习2.2）；
2. 将要求转换为偏好——"我更希望……"；
3. 运用往坏处想思维——糟糕程度分值区间
1~10，给糟糕程度打分；
4. 高能量姿势练习（练习8.5）。

→ 同时注意：

1. 人际关系——确保你在观察、倾听、感同身受，
不要将情绪个人化；
2. 任何无用的信念。

第5周（勇气）

周五：专注于积极感觉的日常练习

🌙 晚上

    1. 寻找关于勇气的鼓舞人心的名言；

    2. 最好大声读出来，让它们成为你自己的话。

第5周（勇气）

周六：有创造力，查看你的目标

☀ 早晨

1. 以图像联想呼吸作为一天的开始——2分钟；
2. 积极肯定，大声表达你的自我形象——2分钟。

☀ 白天

从第九章的创造力练习中任意选择其中一个进行练习。

☾ 晚上

1. 选取6张你的照片（冲洗出来的或手机里的）；
2. 运用想象力将它们联系在一起，编一个关于勇气的故事；
3. 把故事写下来或者讲给家人或朋友听。

第 5 周（勇气）

周日：具有创造性和适应性

☀ 早晨

    1.以听一段音乐作为一天的开始（真正的聆听），分辨乐器的声音，注意音调的变化；

    2.开始新的学习，可以是学习任何东西，比如在网上搜索你感兴趣的东西，或在地图上找一个地方。

☀ 白天

去散步。

☽ 晚上

    1.画3个圆；

    2.在第一个圆里写下一个主要目标，第二个圆里写你所持有的重要信念，第三个圆里写你的生活意义。

第6周（检查）

周一：专注于思考的日常练习

☀ 早晨

1. 以图像联想呼吸作为一天的开始——2分钟；
2. 积极肯定，大声表达你的自我形象——2分钟。

☀ 白天

→ 在压力或焦虑的时候，使用下列方法之一：

1. 现在（NOW）练习（练习2.2）；
2. 将要求转换为偏好——"我更希望……"；
3. 运用往坏处想思维——糟糕程度分值区间1~10，给糟糕程度打分；
4. 高能量姿势练习（练习8.5）。

→ 同时注意：

1. 人际关系——确保你在观察、倾听、感同身受，不要将情绪个人化；
2. 任何无用的信念。

第6周（检查）

周一：专注于思考的日常练习

☽ 晚上

    1. 从书中选出 3 个练习，并依次完成；

    2. 记下你认为最适合你的练习以及适合的原因，也记下你最喜欢的练习；

    3. 写下做完这些练习后的感受。

第6周（检查）

周二：专注于改变的日常练习

☀ 早晨

1. 以图像联想呼吸作为一天的开始——2分钟；
2. 积极肯定，大声表达你的自我形象——2分钟。

☀ 白天

→ 在压力或焦虑的时候，使用下列方法之一：

1. 现在（NOW）练习（练习2.2）；
2. 将要求转换为偏好——"我更希望……"；
3. 运用往坏处想思维——糟糕程度分值区间
1~10，给糟糕程度打分；
4. 高能量姿势练习（练习8.5）。

→ 同时注意：

1. 人际关系——确保你在观察、倾听、感同身受，
不要将情绪个人化；
2. 任何无用的信念。

第6周（检查）

周二：专注于改变的日常练习

🌙 **晚上**

    1. 列出对生活最具积极影响的6个变化；

    2. 列出你已经改变或正在改变的信念；

    3. 根据你的感觉给每一个改变评分，10分是完全改变，1分是迈出一小步。

第6周（检查）

周三：专注于减少担心的日常练习

☀ 早晨

1. 以图像联想呼吸作为一天的开始——2分钟；
2. 积极肯定，大声表达你的自我形象——2分钟。

☀ 白天

→ 在压力或焦虑的时候，使用下列方法之一：

1. 现在（NOW）练习（练习2.2）；
2. 将要求转换为偏好——"我更希望……"；
3. 运用往坏处想思维——糟糕程度分值区间1~10，给糟糕程度打分；
4. 高能量姿势练习（练习8.5）。

→ 同时注意：

1. 人际关系——确保你在观察、倾听、感同身受，不要将情绪个人化；
2. 任何无用的信念。

第6周（检查）

周三：专注于减少担心的日常练习

☽ 晚上

1. 列出你现在用于缓解担心的情绪、降低压力的不同方法，并记下哪些最适合你；

2. 缓解担心的情绪意味着：担心产生的频率高度减小；担心产生的频率有所减小；有能力应付让你担心的事。花几分钟时间思考你练习的结果。

第6周（检查）

周四：专注于更好地思考的日常练习

☀ 早晨

1. 以图像联想呼吸作为一天的开始——2分钟；
2. 积极肯定，大声表达你的自我形象——2分钟。

☀ 白天

→ 在压力或焦虑的时候，使用下列方法之一：

1. 现在（NOW）练习（练习2.2）；
2. 将要求转换为偏好——"我更希望……"；
3. 运用往坏处想思维——糟糕程度分值区间
1~10，给糟糕程度打分；
4. 高能量姿势练习（练习8.5）。

→ 同时注意：

1. 人际关系——确保你在观察、倾听、感同身受，
不要将情绪个人化；
2. 任何无用的信念。

第6周（检查）

周四：专注于更好地思考的日常练习

☾ 晚上

　　1. 从第六章中选择 3 个你觉得现在很少产生的思维错误；

　　2. 列出 3 个积极的后果以及这种改变对你的生活产生积极影响的 3 种方式。

第6周（检查）

周五：专注于积极感觉的日常练习

☀ 早晨

1. 以图像联想呼吸作为一天的开始——2分钟；
2. 积极肯定，大声表达你的自我形象——2分钟。

☀ 白天

→ 在压力或焦虑的时候，使用下列方法之一：

1. 现在（NOW）练习（练习2.2）；
2. 将要求转换为偏好——"我更希望……"；
3. 运用往坏处想思维——糟糕程度分值区间1~10，给糟糕程度打分；
4. 高能量姿势练习（练习8.5）。

→ 同时注意：

1. 人际关系——确保你在观察、倾听、感同身受，不要将情绪个人化；
2. 任何无用的信念。

第6周（检查）

周五：专注于积极感觉的日常练习

☽ 晚上

　　1.列出你最近跳出舒适区的情景，为每个情景而祝贺自己；

　　2.以练习5.5来想象每个情景的发展，无论是真实的还是抽象的。

第6周（检查）

周六：有创造力，查看你的目标

☼ 早晨

　　1.以图像联想呼吸作为一天的开始——2分钟；

　　2.积极肯定，大声表达你的自我形象——2分钟。

☀ 白天

　　从第九章的创造力练习中任意选择其中一个进行练习。

☽ 晚上

　　1.从书中选择一个练习；

　　2.翻阅本书，把你喜欢的话分别写在纸上；

　　3.把这些话贴在你的房间或办公室。

第6周（检查）

周日：具有创造性和适应性

☀ 早晨

　　1.以听一段音乐作为一天的开始（真正的聆听），分辨乐器的声音，注意音调的变化；

　　2.开始新的学习，可以是学习任何东西，比如在网上搜索你感兴趣的东西，或在地图上找一个地方。

☀ 白天

　　去散步。

☾ 晚上

　　1.画一个大的愿景板，把你想要成为的样子写在中心位置；

　　2.在中心位置的周围贴上关于"成长的一万种可能"的目标、信念和意义的话或照片；

　　3.在相应的目标、信念和意义的旁边写上在你的前进路上对你非常重要的东西，也许是你的家人和朋友、目标和抱负、想去的地方、想学的东西；

　　4.把这块板放在一个重要且容易看见的地方；

　　5.养成随时查看这块板子的习惯以及微笑的习惯。